本项目受国家自然科学基金委员会重大研究计划

"空间信息网络基础理论与关键技术"资助

"空间信息网络基础理论与关键技术"指导专家组

组　长: 于　全
副组长: 龚健雅
成　员: 周志鑫　王东进　张　军　吴海涛　葛　宁
统　稿: 王敬超　王　密　刘　锋　史云放

国家出版基金项目
NATIONAL PUBLICATION FOUNDATION

总主编　杨　卫

空间信息网络
基础理论与关键技术

Fundamental Theory and Key Technologies of
Space Information Networks

空间信息网络基础理论与关键技术项目组　编

ZHEJIANG UNIVERSITY PRESS
浙江大学出版社
·杭州·

图书在版编目（CIP）数据

空间信息网络基础理论与关键技术 / 空间信息网络

基础理论与关键技术项目组编. -- 杭州 ：浙江大学出版

社，2024. 8. --（中国基础研究报告 / 杨卫总主编）.

ISBN 978-7-308-25398-7

Ⅰ．TN927

中国国家版本馆 CIP 数据核字第 202498FP34 号

空间信息网络基础理论与关键技术

空间信息网络基础理论与关键技术项目组　编

策　　划	许佳颖	
责任编辑	陈　宇	
责任校对	汪淑芳	
封面设计	程　晨	
出版发行	浙江大学出版社	
	（杭州市天目山路148号　　邮政编码　310007）	
	（网址：http://www.zjupress.com）	
排　　版	杭州林智广告有限公司	
印　　刷	浙江海虹彩色印务有限公司	
开　　本	710mm×1000mm　1/16	
印　　张	6	
字　　数	85千	
版 印 次	2024年8月第1版　2024年8月第1次印刷	
书　　号	ISBN 978-7-308-25398-7	
定　　价	68.00元	

总　序

　　合抱之木生于毫末，九层之台起于累土。基础研究是实现创新驱动发展的根本途径，其发展水平是衡量一个国家科学技术总体水平和综合国力的重要标志。步入 21 世纪以来，我国基础研究整体实力持续增强。在投入产出方面，全社会基础研究投入从 2001 年的 52.2 亿元增长到 2016 年的 822.9 亿元，增长了 14.8 倍，年均增幅 20.2%；同期，SCI 收录的中国科技论文从不足 4 万篇增加到 32.4 万篇，论文发表数量全球排名从第六位跃升至第二位。在产出质量方面，我国在 2016 年有 9 个学科的论文被引用次数跻身世界前两位，其中材料科学领域论文被引用次数排在世界首位；近两年，处于世界前 1% 的高被引国际论文数量和进入本学科前 1‰ 的国际热点论文数量双双位居世界第三位，其中国际热点论文占全球总量的25.1%。在人才培养方面，2016 年我国共 175 人（内地 136 人）入选汤森路透集团全球"高被引科学家"名单，入选人数位列全球第四，成为亚洲国家中入选人数最多的国家。

　　与此同时，也必须清醒认识到，我国基础研究还面临着诸多挑战。一是基础研究投入与发达国家相比还有较大差距——在我国的科学研究与试验发展（R&D）经费中，用于基础研究的仅占 5% 左右，与发达国家15%～20% 的投入占比相去甚远。二是源头创新动力不足，具有世界影响力的重大原创成果较少——大多数的科研项目都属于跟踪式、模仿式的研究，缺少真正开创性、引领性的研究工作。三是学科发展不均衡，部分学科同国际水平差距明显——我国各学科领域加权的影响力指数（FWCI值）在 2016 年刚达到 0.94，仍低于 1.0 的世界平均值。

中国政府对基础研究高度重视，在"十三五"规划中，确立了科技创新在全面创新中的引领作用，提出了加强基础研究的战略部署。习近平总书记在 2016 年全国科技创新大会上提出建设世界科技强国的宏伟蓝图，并在 2017 年 10 月 18 日中国共产党第十九次全国代表大会上强调"要瞄准世界科技前沿，强化基础研究，实现前瞻性基础研究、引领性原创成果重大突破"。国家自然科学基金委员会作为我国支持基础研究的主渠道之一，经过 30 多年的探索，逐步建立了包括研究、人才、工具、融合四个系列的资助格局，着力推进基础前沿研究，促进科研人才成长，加强创新研究团队建设，加深区域合作交流，推动学科交叉融合。2016 年，中国发表的科学论文近七成受到国家自然科学基金资助，全球发表的科学论文中每 9 篇就有 1 篇得到国家自然科学基金资助。进入新时代，面向建设世界科技强国的战略目标，国家自然科学基金委员会将着力加强前瞻部署，提升资助效率，力争到 2050 年，循序实现与主要创新型国家总量并行、贡献并行以至源头并行的战略目标。

"中国基础研究前沿"和"中国基础研究报告"两个系列丛书正是在这样的背景下应运而生的。这两套系列丛书以"科学、基础、前沿"为定位，以"共享基础研究创新成果，传播科学基金资助绩效，引领关键领域前沿突破"为宗旨，紧密围绕我国基础研究动态，把握科技前沿脉搏，以科学基金各类资助项目的研究成果为基础，选取优秀创新成果汇总整理后出版。其中"中国基础研究前沿"丛书主要展示基金资助项目产生的重要原创成果，体现科学前沿突破和前瞻引领；"中国基础研究报告"丛书主要展示重大资助项目结题报告的核心内容，体现对科学基金优先资助领域资助成果的系统梳理和战略展望。通过该系列丛书的出版，我们不仅期望能全面系统地展示基金资助项目的立项背景、科学意义、学科布局、前沿突破以及对后续研究工作的战略展望，更期望能够提炼创新思路，促进学科融合，引领相关学科研究领域的持续发展，推动原创发现。

积土成山，风雨兴焉；积水成渊，蛟龙生焉。希望"中国基础研究前沿"和"中国基础研究报告"两个系列丛书能够成为我国基础研究的"史书"记载，为今后的研究者提供丰富的科研素材和创新源泉，对推动我国基础研究发展和世界科技强国建设起到积极的促进作用。

第七届国家自然科学基金委员会党组书记、主任

中国科学院院士

2017 年 12 月于北京

前　言

　　空间信息网络是国家重要的信息基础设施，它以卫星、无人机、飞艇等天基平台或临近空间（临空）平台为主要载体，通过将各类空间平台和地面网络一体化互联，实现海量数据的采集、传输和处理等功能，是保障"海洋远边疆、太空高边疆、网络新边疆"的重要支撑。近年来，随着各国对空间资源开发利用需求的不断增长，空间信息网络的相关研究受到高度关注，已经成为信息时代大国竞争博弈的战略制高点。美国太空探索技术公司（SpaceX）在低轨巨星座计划"星链"（Starlink）概念提出不到10年的时间里，发射了4000多颗卫星，并已经开始卫星商业化运营。卫星在俄乌冲突中发挥了重要作用，极大地颠覆了人们对传统卫星星座建设运用的固有认知，对空间信息网络技术和产业发展产生了革命性影响。

　　2005年前后，国家自然科学基金委员会信息科学部组织双清论坛论证"空间信息网络基础理论与关键技术"重大研究计划（以下简称本重大研究计划），并于2013年正式启动该计划。本重大研究计划是国家自然科学基金委员会"十二五"期间启动的重大研究计划之一，由信息科学部、地球科学部和数学物理科学部联合组织，实施周期为8年，于2021年结束。

　　本重大研究计划项目组在10多年前就预判了空间信息网络技术的发展趋势。项目组面向全球保障的一体化信息网络构建，提出了空间信息网络模型与高效组网机理、空间动态网络高速传输理论与方法、空间信息稀疏表征与融合处理三大科学问题，并集聚国内优势力量展开研究，为空间信息网络的构建和空间信息系统的应用提供了新理论与新方法。在今天看来，这些工作为数字时代空间信息基础设施构建等国家重大战略提供了重要支撑。

本重大研究计划在实施过程中，采取集成项目、重点支持项目、培育项目、专家组调研和战略研究项目四种不同项目类型的资助方式，优先支持针对核心科学问题、具有创新思路的基础理论研究和对实现本重大研究计划总体目标起决定性作用的跨学科集成研究。8年来，本重大研究计划资助各类项目共96项，其中，集成项目10项、重点支持项目25项、培育项目53项、专家组调研和战略研究项目8项，总经费为2.2亿元。

本重大研究计划研究了大尺度时空约束下空间网络及空间信息传输处理等机理，达到了最初的设计目标，突破了动态网络容量优化、高速信息传输及多维数据融合应用等技术难题。本重大研究计划还通过传输网络化、处理智能化和应用体系化等方法，将网络资源动态聚合到局部时空区域，解决了空间信息网络在大覆盖范围、高动态断续条件下空间信息的时空连续性支持问题，为提升全球范围、全天候、全天时的快速响应和空间信息的时空连续支撑能力，实现我国空间网络理论与技术高起点、跨越式发展，有效支撑高分辨率对地观测、卫星导航、深空探测等国家重大专项的发展奠定了理论基础。

本重大研究计划发布了全球范围规模最大的遥感图像标注数据库LuoJiaSET、遥感场景语义分割数据与算法集GID、遥感场景分类数据与算法集AID等11个开源数据集，研制发射了"双清一号"科学试验卫星，打造了面向全国科研人员开放的科研基础设施，为遥感领域科研成果在轨验证提供了可重构平台环境，推动了空间信息网络相关学科领域的发展。同时，本重大研究计划的实施培养了空间信息网络理论与关键技术领域的领军人才及优秀科研群体：7 人当选中国科学院院士或中国工程院院士（含外籍院士 1 人），4 人当选美国电子电气工程师协会会士（IEEE Fellow），5 人获得国家杰出青年科学基金项目资助，7 人入选国家科技人才计划，14 人入选国防领域优秀人才计划，2 个国家自然科学基金创新研究群体项目获批，等等。

为了更好地推广本重大研究计划产出的学术成果，我们编写了本书，并将其荐入"中国基础研究报告"丛书，希望本书能够为空间信息网络领域的科研人员提供参考，进一步助力我国空间信息网络领域的发展。

本重大研究计划能够取得如此丰硕的成果，离不开国家自然科学基金委员会的大力支持和指导，离不开指导专家组各位专家的引领和把关，离不开各项目承担者和工作人员的辛勤付出，在此一并向大家表示感谢。本重大研究计划的结束并不意味着我们在这个领域停止了科研探索，空间信息网络依然是当前学术研究的前沿热点。我希望能同大家一起开创我国空间信息网络事业的新篇章，也期待大家能够为我国空间信息网络事业做出更多、更大的贡献。

"空间信息网络基础理论与关键技术"重大研究计划指导专家组组长

中国工程院院士

2023 年 6 月于北京

目　录

成果附录 75

索 引 83

第 1 章　项目概况

1.1　项目介绍

空间信息网络是以空间运动平台（包括卫星、飞艇和飞机）为载体，实时获取、传输和处理空间信息的网络系统，其向上可支持深空探测、向下可支持对地观测，关系到国家安全与社会经济发展，属于全球范围的研究热点。

"空间信息网络基础理论与关键技术"重大研究计划（以下简称本重大研究计划）是国家自然科学基金委员会于 2013 年立项实施的一项重大研究计划。本重大研究计划围绕国家重大应用领域中空间动态网络的连续信息支持与有限空间资源之间的矛盾问题，重点针对空间信息网络模型与高效组网机理、空间动态网络高速传输理论与方法、空间信息稀疏表征与融合处理等科学问题，在基础理论方法、关键技术、系统集成、支撑国家重大科学/工程需求和人才培养等不同层面开展了深入研究。

1.1.1　总体科学目标

本重大研究计划通过多学科交叉融合，探索基于空间信息网络大时空尺度约束下的网络体系结构设计与数据传输处理方法，揭示动态网络容量、高速数据传输及多维资源聚合机理，以解决网络在广覆盖、高动态条件下空间信息的时空连续性支持问题，发展全球范围、全天候、全天时的快速响应及服务连续支撑能力，为实现我国空间网络理论与技术高起点及垂直行业深造奠定理论基础。

1.1.2 核心科学问题

（1）空间信息网络模型与高效组网机理

空间信息网络模型与高效组网是高动态异构网络构建的核心挑战之一。随着网络行为的日益复杂化，网络需要从静态规划发展为任务驱动可重构的动态网络理论，协议需要从无时空约束的空间网络协议发展为动态时空尺度下的空间网络协议，网络信息流需要从二维图的业务流发展为时空四维图的动态业务流等。为了提供灵活性服务，我们必须研究空间网络动力学特性，从物理连接到协同应用的体系结构模型，实现动态网络的容量优化，解决分布式异构自治网络在整体网络构架下的协同通信和开放环境中多任务约束的服务问题，保持网络的可用性和高效性。主要研究内容：①动态时空尺度下的空间网络结构模型；②可扩展的异质异构组网关键技术；③空间动态网络容量理论。

（2）空间动态网络高速传输理论与方法

空间动态网络的信息传输是大幅提升信息时效性的有效手段，其面临的主要挑战是时变空变环境下的端到端可靠高速传输。多点大容量并发传输需要基于功率、频谱、时间、空间等资源复用技术，突破点到点的传统香农理论，发展多点到多点的网络信息传输理论。

本重大研究计划基于数学、物理等原理的多点网络信息传输理论、多时空动态跟瞄电波传输方法、无线链路断续连接技术与应用探索，采用激光、太赫兹等高频段传输、自适应编码调制及多波束多址技术，实现了动态网络断续连接条件下的多点可靠传输，自动适应了距离、姿态等造成的传输性能变化，提高了资源利用效率。主要研究内容：①时变网络的信息传输理论；②空间信息网络资源感知与优化调度；③高动态时变网络的智能协同方法。

（3）空间信息稀疏表征与融合处理

空间信息网络的信息表征及处理是本重大研究计划的研究重点之一。应用服务的空间信息量大、空间平台时空基准不同，迫切要求网络在受限传输带宽下提升业务服务能力。目前，空间信息网络面临着空间信息量大导致现有表征方法无法及时下传信息，空间平台时空基准不同、获取数据特征或分辨率不同造成信息难融合处理等时效性瓶颈，因此，信息表征需要从常规大数据量获取转变为主动感知与稀疏表征，信息获取需要从单时空基准序列变革为多时空基准矢量，信息融合需要从单源低维处理转变为时空关联、多源多维融合处理。本重大研究计划针对大数据稀疏表征与融合处理的瓶颈问题进行了研究，主要研究内容：①空间信息网络的时空基准与统一表征；②多维信息的时空同化与融合处理；③空间信息的快速提取与知识发现。

1.2　项目布局

1.2.1　项目部署

本重大研究计划在实施的 8 年里，研究内容覆盖空间动态组网、空间高速传输、空间信息处理三大研究领域，形成了空间信息网络模型与高效组网、空间动态网络高速传输、空间信息稀疏表征与融合处理的新原理和新方法。本重大研究计划部署的主要思路如下。

（1）面向国家战略，支撑重大工程。围绕中国卫星网络集团有限公司重大工程、科技创新2030—重大项目"天地一体化信息网络"、高分辨率对地观测系统重大专项等重大需求布局课题。

（2）坚持目标导向，鼓励自由探索。加强学术互动，举办学术交流活动40多场，专家组成员做大会报告进行目标牵引；加强现场考察，专家组成员赴现场考察20多次，以加强与项目组成员的互动与引导。

（3）利用已有资源，推动基础创新。充分利用已有平台（如天通卫星、中继卫星、北斗卫星导航系统、遥感卫星、临近空间平台等），开展关键技术集成验证示范，以推动创新技术的发展。

1.2.2　综合集成

本重大研究计划在支持的各个方向都取得了积极进展，尤其是在面向突发事件快速响应的空间信息网络、基于临近空间平台的天地一体化信息网络、天基信息网络在轨处理与实时传输、基于多功能卫星平台的空间信息网络等关键技术方面取得了重大进展。指导专家组结合本重大研究计划的目标、已取得的进展以及国家重大需求，重点在下列四个方面凝练集成项目。

（1）面向突发事件快速响应的空间信息网络关键技术的综合集成与验证

面向边境情况核查、重大自然灾害抢险救援等典型突发事件快速响应的重大应用需求，本重大研究计划利用在轨遥感卫星、中继卫星、导航定位卫星，以及临近空间飞行器、无人航空器等平台及相应的地面支持系统，构造并设计了从应急需求提出到即时服务响应的应用体系架构，突破了空天地多类资源快速聚合等关键技术，构建了空间信息网络关键技术综合集成与验证系统，在国内首次实现了基于系留气球平台的一对二同时空间激光通信高速信息传输、光电混合网络传输等功能，完成了空天地协同观测及多源数据稀疏表征与融合处理等试验，为该领域关键技术成果走向工程应用提供了范例。

（2）基于临近空间平台的天地一体化信息网络关键技术的综合集成与验证

构建了基于临近空间平台的天地一体化区域组网协同监视应用系统，保障了恶劣环境下的轨道交通稀疏路网和石油管线监测与安全运行等信息重大应用需求；进行了基于临近空间飞艇的移动通信组网、朔黄铁路试验、石油管线巡线飞行试验等典型应用验证；提供开放综合平台，集成验证了与本重大研究计划相关的成果，包括高速激光通信、动态网络交换等，建立起以知识为中心的网络区域动态组网监视应用技术体系架构，为本重大研究计划目标（高分辨率对地观测）提供了重要支撑。

（3）天基信息网络在轨处理与实时传输关键技术的综合集成与验证

自主研制并发射了一颗轻小型智能遥感试验卫星，提供了一个开放平台，演示验证了空间网络环境下遥感数据稀疏表征与压缩传输关键科学问题，实现遥感影像从数据获取到应用终端分钟级智能服务。集成开放平台由天基信息实时服务系统、智能遥感试验卫星平台、实时传输系统以及地面验证测试系统组成，具有开放性、可扩展、可重构的特点，能实现在轨实时处理、目标提取与变化检测、多源数据智能融合、影像智能压缩等功能，可应用于我国"高分""资源"等系列的遥感卫星影像处理系统。

（4）基于多功能卫星平台的空间信息网络关键技术的综合集成与验证

以基于多功能卫星平台（北斗卫星导航系统）的空间信息网络为集成演示验证的核心载体，包括基于多功能卫星平台的随遇接入与动态组网技术、基于多功能卫星平台的快速任务调度技术、基于多功能卫星平台的空间信息网络试验方法等，结合北斗导航定位系统的网络化能力，统筹天地资源，开展基于在轨卫星的空间信息网络关键技术演示系统设计及方案验证研究。北斗卫星导航系统体系架构具有的定位和授时能力、平台的多功能性以及星上软件可优化重构等特点，为空间信息网络基础理论与关键技术的在轨演示验证创造了有利条件。

除了上述四个代表性集成项目外，专家组还凝练了基于软件定义卫星的空间信息网络关键技术的综合集成与验证、面向空间平台的多节点间同时激光高速信息传输系统的综合集成与验证、超小型多功能激光通信系统的综合集成与验证、遥感影像稀疏表征与融合处理的综合集成与验证、面向空间平台的激光传输系统和大规模遥感影像样本库构建、开源遥感深度网络框架模型研究等六个集成项目。

1.2.3　学科交叉情况

本重大研究计划从执行之初就高度重视学科交叉，主要涉及地球学科、数理学科、信息学科的交叉融合，如图1所示。

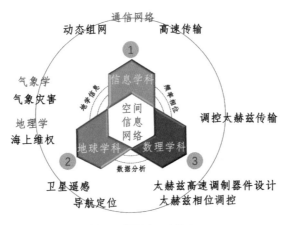

图 1　学科交叉情况

（1）地球学科与信息学科的交叉融合

将地球学科中的卫星遥感、导航定位等技术与信息学科中的动态组网、高速传输等优势相结合，从任务发现、数据获取、数据传输到数据处理与分析实现整条链路分钟级响应，极大地提升了地学信息的时效性和气象观测及灾害预测的精确性。

（2）数理学科与信息学科的交叉融合

将数理学科中的太赫兹高速调制器件设计、太赫兹相位调控与信息学科中的太赫兹传输理论相结合，将国际上的最快调制速率提高了一个数量级，在空间太赫兹波透射式相位调控问题上实现了原理性突破，开辟了一条发展高性能太赫兹无线通信系统和成像系统的新路径。

1.3　取得的重大进展

本重大研究计划在基础理论、关键技术、系统集成、支撑国家重大科学/工程需求和人才培养等不同层面取得了以下一系列成果。

（1）基础理论

探明了动态拓扑结构与网络容量的关系，系统提出了网络从静态规划发展到任务驱动可重构的动态网络理论，解决了网络信息流从二维图的业务流发展为时空四维图的动态业务流、空间网络动力学特性从物理连接到协同应用的体系结构等共性建模理论问题；发展了传统信息传输理论和新型编码调制技术，突破了太赫兹波高速调制国际公认难题，提出了太赫兹直接调制机理与方法；发展了稀疏感知、认知与学习的目标信息获取新范式，建立了基于表征学习的复杂场景稀疏化建模理论。

（2）关键技术

突破了"水平全方位，垂直大角度""一对多同时激光通信"中的伺服控制和隔离分光技术瓶颈，实现了高精度测姿和定位以及闭环带宽450Hz、跟踪精度优于5μrad的动态跟踪；开发了可靠用户数据报协议（UDP）+喷泉码的快速响应协议（FRUDP）、弹性可靠视频传输协议（APRT）等，传输效率提升近10倍；发明了星载相控阵天线多波束弹性动态低复杂度精确控制技术，实现了范围上百万米、每秒上万跳、0.1°精度的分级调控；设计了基于遥感特性的深度学习框架，为在轨信息提取提供了算法，突破了智能信息提取、轻量化模型设计难题，实现了全球首个自主可控的遥感影像机器学习框架LuoJiaNET；发明了稀疏深度张量特征的多时相遥感影像配准方法，该方法的变化检测精度优于85%，10K×10K影像检测时间小于10s，突破了星上视频数据的高倍智能压缩与快速下传等瓶颈问题。

（3）系统集成

自主研发了基于高可靠现场可编程门阵列（field programmable gate array，FPGA）芯片和嵌入式图形处理单元（embedded graphics processing unit，GPU）在轨处理系统，遥感数据准实时处理能力达到吉字节（GB）量级，针对典型任务的应用模式和流程达到"两个 10 分钟"的核心指标（信息快速服务能力优于 10 分钟，任务快速响应能力优于 10 分钟）；成功搭建了基于多功能卫星平台的空间信息网络关键技术集成演示环境，支撑并验证了大时空跨度下双节点窄波束端对端传输能力、可扩展高可靠的空间网络协议能力、空间时变连接下的动态路由自主管理能力等，实现了国内首次激光星间建链通信；研制了天基信息网络在轨处理与实时传输的综合集成演示验证系统，突破了"一星多用"的智能遥感卫星试验验证平台设计和星载可扩展重构的柔性实时计算平台技术，单板计算超 500GFLOPS[①]，缓存超 8GB，卫星视频图像压缩倍数超 200 倍，中继卫星到遥感卫星的传输速率为 25Kbps；开发了基于临近空间平台的天地一体化区域组网协同监视应用系统，实现了经典深度神经网络（deep neural network，DNN）模型压缩框架和轻量级深度学习框架，计算复杂度小于原先的 1/37，硬件片上存储小于原先的 1/40，低成本硬件平台（DSP C6478）上加速边缘推理能力提升超过 180 倍。

（4）支撑国家重大科学 / 工程需求

将动态网络模型与组网协议、网络管控等技术应用于卫星互联网系统，全面组网国家重大应用需求。自主研发的天智协议栈成功应用于"行云"系统，并应用于"星网"网络体系论证和航空制造工程研究所卫星网络验证，推进了我国航天测控网的资源调度管理二期系统建设，保障了"天智一号"在轨试验；在太赫兹通信、多点激光通信技术及装备研制等方面打破了国外垄断，成功研制了国际首个 1Gbps 太赫兹直接调制器件、国际首个 64×64 太赫兹可重构智能表面（reconfigurable intelligent surface，RIS），率先实现了 10Gbps 自由空间太赫兹幅度调制；在国际上首次提出

---

① FLOPS 是 floating-point operations per second（每秒浮点操作数）的缩写，GFLOPS 即 gigaFLOPS，1GFLOPS 表示每秒浮点操作 10^9 次。

"自由空间一对多同时激光通信原理与方案"，并将其应用于"智慧天网"星间链路激光终端、中国科学院先导星；多星多波束高效传输与弹性聚焦服务关键技术应用于中继卫星测控通信系统、智慧天网工程试验卫星"天网一号"，突破了我国低轨移动通信卫星波束成形服务；高精度定位与融合处理、在轨信息提取与智能处理、稀疏表征与高倍智能压缩等技术应用于我国对地观测、月球探测、深空探测等国家重大工程领域，保障了"天宫二号""天问一号""高分十一号01/02星""环境二号""天绘三号"等在轨处理任务，首次实现了我国星上智能处理从无到有的跨越。

（5）人才培养

在本重大研究计划实施期间，指导专家组成员或项目承担人中有7人当选中国科学院院士或中国工程院院士（含外籍院士1人），4人当选美国电子电气工程师协会会士（IEEE Fellow），5人获得国家杰出青年科学基金项目资助，7人入选国家科技人才计划，14人入选国防领域优秀人才计划，2个国家自然科学基金创新研究群体项目获批等，为我国空间信息网络领域创新能力的全面提升和可持续发展提供了重要的人才保障。

本重大研究计划完成后的领域发展态势对比可见表1。

表 1 "空间信息网络基础理论与关键技术"领域发展态势对比

核心科学问题	计划启动时国内研究状况	计划结束时国内研究状况	计划结束时国际研究状况	与国际研究状况相比的优势和差距
空间信息网络模型与高效组网机理	①传统网络建模和容量计算只能通过静态快照计算和仿真模拟分析;②航天测控的任务规划与资源管理控制分离	①建立了基于扩展时变图的空间动态网络模型、容量计算与逼近容量资源优化方法;②研制了航天测控多星多任务星地动态资源协同管控原型系统	①以"星链"为代表的国际低轨星座以单星容量计算为主,基于星间激光链路的组网正在开展试验;②国际上多星多任务的任务规划与资源管理控制实现协同规划	优势:空间动态网络的容量计算与优化为国际先进;差距:多星多任务协同规划与资源管理国际上在对地观测任务方面已有实施
空间动态网络高速传输理论与方法	①星间激光通信尚处研究试验阶段,面临系统对准难、体积大等难题,能力上仅能支持"一点对一点"通信;②微波对地面覆盖以预定式为主,难以适应业务分布变化	①研制完成超小型多功能激光通信系统,在轨验证60000km星间激光通信,首次提出自由空间一对多同时激光通信原理与方案,成功研制原理验证装置;②完成微波对地按需覆盖灵巧通信试验卫星在轨初步试验,在智慧天网创新工程中完成样机及地面试验	①以"星链"为代表的国际星间激光通信仍在试验阶段,未见一对多同时激光国际报道;②国际上"O3b"和"星链"已部署基于动态波束的按需覆盖	优势:多功能激光通信系统体积小、质量轻、传输距离远(超60000km),为国际先进,一对多同时激光完成飞艇试验,为国际先进;差距:动态波束按需覆盖国际上已有部署
空间信息稀疏表征与融合处理	①传统定位方法为静态模型,精度受限、成本高、时效性差;②国产卫星自动化程度低,在轨信息处理能力弱	①建立了高精度动态成像模型,解决了国产光学卫星全球无地面控制高精度定位难题;②建立了在轨智能检测的统一算法框架与评估指标体系,有效提升了国产卫星智能化程度	①高密度低轨巨星座在轨部署;②国际上已实施自主任务规划和联合观测先进技术	优势:多源遥感信息稀疏表征与实时处理技术已经成熟;差距:目前主要处于单星观测阶段,联合观测能力有限

第2章 国内外研究情况

空间信息网络是由分布在不同高度的携带探测和通信等有效载荷的航天飞行器、航空飞行器、浮空器等空间节点构成，通过一体化组网互联，实时采集、传输和处理海量数据，实现空间信息体系化应用的信息基础设施。

空间信息网络技术涉及信息采集、信息传输、信息处理、信息存储、信息管理和信息服务等领域，专业范畴涉及多个一级学科（如数学、物理学、天文学、电子科学与技术、信息与通信工程、计算机科学与技术、网络空间安全等），是涵盖体系架构、协议标准、管理流程、服务规范的综合性技术。

作为国家重要基础设施，空间信息网络将人类的科学、文化、生产活动从地球拓展到了空间、远洋乃至深空，不仅能够服务于远洋航行、应急救援、导航定位、航空运输、航天测控、深空探测等重大应用，也能够提供指挥、通信、侦察、监视、导航、精确打击等军事支持，已成为各国研究和建设的热点。

为从根本上解决我国现有空间信息网络全域覆盖能力有限、网络扩展和协同应用能力弱的问题，本重大研究计划以空间信息网络技术为抓手，通过瞄准学科发展前沿，开展了基础理论与关键技术研究，创立了适合我国国情的空间信息网络发展路线与体系架构；通过探索新理论与新方法，大幅提高了空间信息服务能力，推进了我国基础学科的发展，提升了我国在空间信息领域的技术水平。

2.1 国内外研究现状

（1）空间信息网络总体发展现状

随着人类社会从工业化向信息化迈进，空间信息技术取得了飞速发展，通信、导航、遥感等各种空间应用系统开始在全球范围内普及，并广泛深入和潜移默化地改变着人类的生产方式与生活方式，空间信息技术已经成为推动经济社会发展不可或缺的组成部分。

国外对空间信息网络的研究始于 20 世纪 90 年代，欧美国家相继提出了一系列的空间信息网络计划，开展了网络体系架构设计及相关项目的演示验证。美国空间信息网络发展水平处于世界领先地位。从 2000 年起，美国便致力于建设全球信息栅格、转型卫星通信系统（TSAT）和全球立体观测网，并在 2018 年成立太空司令部后，于 2021 年推出了以空间传输层为核心的七层"国防太空体系"，以低轨星为主体，集指挥控制、侦察监视、通信导航为一体，为空天地海作战平台提供广覆盖、低时延的信息传输服务。美国国家航空航天局（NASA）提出了一体化、可扩展空间通信架构的概念，启动了空间传感网计划，建立了一体化、网络化的新型空间体系。欧洲提出了建设一体化全球通信空间基础设施（ISICOM）系统。

随着同步轨道卫星发展进入平缓期，一网公司（OneWeb）、美国太空探索技术公司（SpaceX）、谷歌（Google）等企业提出并打造了由数百乃至数万颗小卫星构建的低轨星座，新一轮空间信息系统建设热潮在短期内迅速聚集人气，开启了太空竞赛。大规模低轨星座能够填补现有系统在通信速率、接入、覆盖能力等方面的不足，为空天地海用户提供广覆盖、低时延、大容量、低成本的服务，成为当前发展的主流。

（2）空间信息网络基础理论研究现状

空间信息网络是一个全新的概念，因此国内外关注和研究得较少，整体基础理论研究较为薄弱。目前，我国主要参照地面动态网络时变图模型，通过"快照"动态图分解机制，刻画卫星网络动态拓扑，反映网络演化特性，为路由机制、动态资源配置、网络管理及任务规划等问题的研究提供基础。然而，当网络中存在多层卫星时，卫星轨道速度、星间链路稳定性将存在更大的差异，加重了时隙划分的困难，难以建立稳定、持续的星间链路，进而导致单一时隙内卫星之间的连接关系无法真实反映——甚至还会错误反映——高动态网络在一定时间尺度内的实际结构特征。

（3）空间信息网络架构研究现状

目前的空间信息网络主要有三种架构：天星-地网、天基网络、天网-地网。其中，天星-地网架构技术比较成熟，其特点是以空间各卫星为地面网络的节点，网络构造简单、应用广泛、建设成本低，但难以充分发挥天基系统的优势。天基网络架构是在空间建立一个不依托地面系统的完整网络，其可直接为各类用户提供服务，在安全性、抗毁性和独立性方面有优势，但技术复杂，系统的建设和维护成本高。天网-地网架构通过天地配合，充分利用天基网络的广域覆盖能力和地面网络强大的传输与处理能力，有可能大大降低整个系统的技术复杂度和成本，是一种比较适合我国空间信息网络的网络架构。综观世界各国，现有的卫星系统建设仍然缺乏统一架构，呈现出各自为政、"烟囱式"发展的局面，系统服务保障能力很难得到有效提升。

（4）路由协议研究现状

在空间信息网络路由协议与技术方面，国内外主要的研究重点是空间数据系统咨询委员会（CCSDS）协议体系、传输控制协议/互联网协议（TCP/IP）体系、CCSDS 与 TCP/IP 结合的协议体系和容迟网络（DTN）协议体系，总体上处于研究和探索初期，主要围绕通信网络开展研究，未考虑综合性信息网络特点，缺乏全网资源综合利用、提高网络运行效率以及在高动态和大时延下路由更新优化的方法。当前，重点研究各类跨层优化设计、路由策略、更新策略、流量均衡及建立量化评估指标体系。

（5）太赫兹传输技术研究现状

近年来，国际上开展了大量关于太赫兹调制的研究工作。国外已实现在 0.30THz 频段、传输速率为 115Gbps、传输距离为 110m 的无线通信系统。在国内，中国工程物理研究院完成了国内首套 0.14THz 无线通信试验系统，传输速率为 10Gbps，传输距离超过 1km；2020 年，浙江大学在 0.35THz 频段实现了传输速率为 100Gbps、传输距离达到 26.8m 的无线通信系统；电子科技大学研制出了全双工 0.22THz 的无线通信系统，其上下行传输速率达到了 48Gbps，传输距离达到了 500m，电子科技大学还研制出了 10Gbps 太赫兹调制器、全固态太赫兹收发组件、功分器、滤波器等器件。总体上，国内的太赫兹传输技术与国际处于同等水平，但传输距离与实际使用需求还有较大差距。

（6）空间激光传输技术研究现状

近十几年来，美国、欧洲、日本开展了大量的激光通信研究，现已完成星地、星间、地月、地火激光通信试验，星地与星间传输速率最高达到 40Gbps，地月传输速率达到下行 622Mbps 和上行 20Mbps，试验产品已进入商业化运营。在非机械伺服捕获与跟踪技术上，美国开展了基于液晶偏振光栅光波导相控阵用于雷达和通信的研究。我国于 2011 年进行了"海洋二号"卫星首次星地激光通信试验，其最高下行速率为 504Mbps；"北斗"星座建立了 4 颗卫星激光网络，传输速率达到 1Gbps；"墨子号"和"实践十三号"成功开展了我国高轨卫星对地的激光通信试验，最高传输速率达到 5Gbps。目前，点对点空间激光链路关键技术基本解决，已进入全面实用的新阶段。

（7）毫米波传输技术研究现状

美国的毫米波传输技术走在了世界前列，其实施的 100Gbps 射频骨干网，传输速率达 100Gbps，空对空传输距离为 200km，空对地传输距离为 100km，并已进行 20km 外场 100Gbps 演示验证，可用于支撑其空基骨干网建设。日本的毫米波通信已进入商业化应用阶段，其实现了 20Gbps 的传输速率，传输距离超过 5km。德国全新开发的 1W 氮化镓功率放大器于 2016 年进行了传输距离达 37km 的数据传输试验，其传输速率为 6Gbps。在国内，华为 RTN380H 可提供最高达 20Gbps 的传输速率，可用于第五代移动通信技术（5G）基站互联。由于成本、器件、工艺等限制，国内尚未实现毫米波大规模天线阵列远距离传输系统。

（8）协同传输技术研究现状

空间信息网络协同传输技术作为新型空间系统的重要组成部分，受到了各航天大国的高度重视。转型卫星通信飞行试验计划的 3 颗卫星运行在离地面 800km 的圆轨道上，卫星之间相距 200～500m，构成一副有效孔径巨大、能调整的虚拟天线，获得了极高的增益。但现有协同通信的相关研究主要停留在物理层面，空间信息网络中的分布式协同研究还处于起步阶段。我国的研究发展则更为落后，相关的研究工作相对较少，缺乏空间信息协同传输的理论模型。

（9）编码传输技术研究现状

近年来，协同网络编码作为网络信息论的一个新的重要分支，受到研究者们极大的关注，该技术将显著地提高网络数据传输性能和可靠性，给现有网络带来革命性的变化。当前，该技术还处于理论研究阶段。

（10）深空通信技术发展现状

国内外均已开展深空通信研究并建立了探测外太空的各类系统，深空通信网络架构和基础设施建设已逐步成熟和完善，深空高速通信技术需求也在持续提升。美国早已具备登月实时视频回传能力，2021年抵达火星的"毅力号"，利用环绕火星的多个在轨运行轨道器进行了组网中继，传输速率达到2Mbps。"毅力号"在着陆后3分钟就传回第一张照片；5天后就公开了着陆全过程的视频片段。相比之下，我国"祝融号"火星车回传信号的能力还有待进一步提升。

（11）空间信息稀疏表征技术研究现状

稀疏表征理论已经成为信号处理与模式识别领域的研究热点之一，并且得到了广泛的应用。借助压缩感知等新型稀疏表征理论和算法，国内外学者建立了有遥感影像底层特征的稀疏表示方法，大幅提升了高光谱和高空间分辨率遥感影像的信息缺失重建精度。基于传统稀疏表征工具，国外学者通过求解优化问题实现了对图像的自适应稀疏表达，但提取的特征仍存在极大冗余度。国内学者进行多方位研究后，提出将空间稀疏编码和词袋模型结合，以实现高分遥感影像中复杂形状目标的自动检测；国内学者还设计了一种两层的稀疏编码模型，提出了基于稀疏系数相似性测度的分类方法。上述研究针对特定影像数据，均取得了较好的效果。

（12）语义稀疏表达技术研究现状

语义信息是遥感影像高度稀疏的表达形式，能够用一系列低维的基元特征取代传统的高维-低层特征，可以更有效地描述遥感影像的地理空间特性，获取更高的影像解译精度，是实现从场景数据到知识转换的重要环节。基于字典学习和主题模型遥感影像语义信息挖掘框架，当前研究主要聚焦于将主题模型应用到遥感图像语义信息提取。国外学者将概率潜在语义分析（PLSA）模型与多尺度分割算法相结合，在非监督的框架下，用来检测高分辨率遥感图像地物类别，并采用PLSA的方法提出了新颖的面向目标的语义聚类算法。国内学者采用PLSA与马尔可夫随机场相结合的方法，提出了一种新颖的分层马尔可夫主题模型，用来对合成孔径雷达（SAR）图像进行地物分类。上述研究基本实现了从"面向像素"的处理方式过渡到"面向目标"的处理方式，能够实现"对象层-目标层"的目标提取与识别，但由于大规模标注的遥感影像数据缺失，模型可信度不高且可解释性差。

（13）高效场景解译技术研究现状

高效场景解译是遥感信息利用的关键和瓶颈，各类用户需求迫切。国外研究了支持向量机（SVM）、相关向量机（RVM）、多元线性回归（SMLR）在少量训练样本情况下的分类情况，并证明在更少的样本情况下，RVM与SMLR优于SVM分类器。国内研究通过主动学习来挖掘对当前分类器模型有价值的样本，然后进行人工标注，借助带约束半监督学习，使得在花费较小标注代价的情况下，获得良好的分类性能。国内研究通过SVM选出分类界面附近样本，依靠拉普拉斯图构建样本空间结构，然后将其加入训练集，进行高光谱图像分类。但上述方法仅解决了利用单一数据源进行场景分类的方法，与实际应用需求相差甚远。

（14）在轨影像信息压缩与识别处理发展现状

卫星遥感成像经过半个多世纪的发展，影像的空间分辨率已达到0.1m，光谱分辨率已达到纳秒（ns）量级，波段数已增加到上千，传输速率已达到Gbps量级，因此对在轨信息进行处理的需求非常强烈。在技术研究方面，国外学者发明的单像素相机，仅使用单一的信号光子检测器就采样得到了比像素点少得多的点来恢复影像；在光谱成像方面，国外学者提出用孔径编码模板和色散元件来共同完成三维场景的调制，进而提出了高帧率的压缩光谱成像方法；在视频获取方面，国外学者采用循环采样、三维稀疏观测和基于视频低秩特性的重构算法，有效降低了视频获取的采样率。国内学者也进行了多方位研究，提出将空间稀疏编码和词袋模型结合，以实现高分辨率遥感影像中复杂形状目标的自动检测等。但上述工作都集中在数值仿真、原理验证、系统初步设计等阶段。

在工程应用方面，美国已在NEMO、ORS、EO-1、Blackjack等卫星上开展了在轨数据处理，进行了应用部署或试验验证，实现了星上超光谱图像自动数据分析、特征提取和数据压缩等功能，并实时将处理结果从卫星直接发送至应用端。德国、法国、澳大利亚、日本等国家也在卫星上实现了辐射校正、几何校正和图像压缩等功能的在轨处理，发现并监测了自然灾害。我国也已在"浦江一号""吉林一号""齐鲁一号""天智一号"等卫星上开展了光学遥感卫星的云检测、海洋舰船目标检测识别、陆地感兴趣目标检测以及合成孔径雷达遥感卫星成像解算等系统功能验证与应用部署。总体来说，光学遥感卫星已经实现了部分数据压缩、辐射校正、云判、目标检测和变化监测等功能的在轨处理，合成孔径雷达遥感卫星已经实现了回波原始数据在轨压缩处理、成像解算与典型目标检测等功能的处理。尽管在轨影像信息的压缩与识别处理在工程应用方面已取得了一些突破，但与实际应用需求还相差甚远，由于星上压缩技术被各国视为机密，许多技术尚未公开。

（15）多源遥感数据协同计算与融合技术研究现状

多源遥感数据协同计算与融合技术是当前国际空间信息科学领域的学科前沿，需要解决遥感体制不同、空间分辨率不同、获取时间不同的数据融合处理，建立统一的几何模型。虽然经长期研究后取得了一些进展（如基于稀疏表示的遥感图像融合方法能够有效保留全色图像的高空间分辨率特征和多光谱影像的光谱信息，引起较小的光谱畸变，得到的融合图像质量较高，可适用于多光谱影像和全色图像的融合），但问题远没有得到有效解决：①缺乏理论基础；②缺乏高效可靠的特征提取算法；③缺乏适用于多源遥感图像的有效的特征描述子；④缺乏鲁棒稠密的特征匹配算法；⑤缺乏多通道数据几何与辐射特性综合分析。整体技术与实际应用差距较大。

综上所述，国内外对空间信息网络的各项技术均进行了深入研究，且部分成果已在卫星上使用，但与用户需求还有较大差距，相关技术未完全实现突破。

2.2 国内外发展趋势

（1）空间信息网络总体发展趋势

空间信息网络作为重要战略基础设施，受到世界各国的高度重视。国家自然科学基金委员会于 2013 年立项资助本重大研究计划，旨在改变目前空间信息网络无普适模型、缺乏理论体系的现状，突破空间信息网络理论与技术难点。美国、欧洲等国家与地区也在该领域制定了一系列发展规划。

经过几十年的发展，静止轨道卫星的发展步入平缓期，发展重心已向低轨星倾斜，大规模低轨星座有助于填补现有系统在通信速率、接入、覆盖能力等方面的不足，成为发展主流。

各国的发展方向均表明，建设天地一体化网络，深度结合天基网络、空基网络和地基网络，充分利用不同空间维度上的优势，让各层网络协同工作、优势互补，以实现空天地网络资源的合理配置，达到最大的网络资源利用率，这是空间信息网络的未来发展趋势。

（2）网络技术发展趋势

在基础理论研究方面，美国国家科学基金会（National Science Foundation，NSF）于2007年启动了"网络信息论五年基础研究"，重点研究多点对多点的无线通信理论，探索无线通信系统的容量边界，但受应用导向影响，未系统性研究空间信息网络的基础理论。国内较重视网络信息论研究，重点探索了空间信息网络柔性架构、协议、动态路由和快速动态组网，目前还处于初步发展阶段。

在空间信息网络架构方面，美国提出全球信息栅格（GIG），建立空天地一体的体系架构，囊括其所有的遥感、侦察、通信、导航等卫星，并与地面通信、传感器系统一体化，打通传感器到射手全程链路，实现在恰当的时间和地点、将恰当信息传递给恰当人员的目标。该架构代表了未来多维异构动态组网的网络体系架构的发展趋势。

在卫星技术体制发展方面，一方面是与5G融合，国际电信联盟正在研究制订星地5G一体化标准，我国也提出了相关的标准草案；另一方面是发展软件定义卫星，美国已制定空间通信无线电系统（STRS）标准，我国正在研究发展软件定义卫星，以提高网络的可靠性、高效性、灵活性、可扩展性和多业务能力，为建立可动态配置、聚合与重构、能力可伸缩的空间信息网络奠定基础。

（3）高速传输理论与技术研究趋势

在空间动态网络高速信息传输方面，当前国内外关注的研究热点是激光通信、毫米波通信和网络协同编码技术，研究方向已从点对点通信向网络化通信发展。同时，围绕空间组网的光学相控阵天线技术、多通道传输新方式等持续受到关注。

在激光通信技术领域，需重点探索基于液晶光学相控阵天线的激光通信机理和多址接入组网体制，研究多参量动态波束控制原理，通过单点对多点激光链路的动态连接方法、激光相控通信的快速捕获和高精度跟踪方法，解决多用户动态接入的链路建立和通信保持问题以及微小型化星载激光终端。

毫米波通信技术方面的重点发展趋势：①解决射频器件问题，实现瓦级功率输出；②研究多输入多输出（MIMO）多流复用及波束跟踪技术；③研究高速传输下基带自适应超高速编解码等算法，实现低复杂度、高频谱效率的数字调制解调、信道估计与预测方法以及多参数联合动态自适应传输体制优化技术，提高高阶调制解调性能和系统可达传输速率。

在空间网络协同编码传输方面，未来协同网络编码传输的发展趋势是从二进制计算机数控（CNC）逐步扩展到非二进制CNC的基于多维标度法（MDS）的CNC技术和基于系统随机线性网络编码的空间分集技术等。作为一个新兴领域，协同网络编码传输涉及多门基础学科，有很大的发展空间和潜力。

（4）稀疏表征与融合处理技术发展趋势

在探测技术方面，世界各国都在建设空间遥感系统，包括可见光、红外、高光谱、微波合成孔径雷达等，探测空间分辨率已达 0.1m。利用网络化、综合化、智能化技术，通过低成本分布式协同探测来提升感知空间分辨率和时间分辨率，已经成为新的技术发展趋势。

在遥感影像底层稀疏特征挖掘方面,面向空间信息网络的极高压缩比需求,需重点研究遥感影像底层特征的结构化、矢量化计算理论与方法,构建高质量的大规模遥感影像标注数据集,发展遥感影像语义信息挖掘的深度模型;面向复杂遥感场景的影像语义信息挖掘深度学习方法,需重点针对场景语义内容进行建模学习中间语义,进而实现低层特征向高级语义间的鸿沟跨越等。这些是遥感图像场景认知分类未来研究方向。

在多源数据融合方面,需重点研究创建多源数据融合和稀疏特征挖掘基础理论,实现字典之间的耦合,利用海量遥感影像的稀疏度和数据空间的紧致性;研究基于数据驱动的影像挖掘算法,大幅减小影像数据挖掘的空间复杂度,以提高挖掘精度和效率。

在轨实时处理方面,需重点发展全新的稀疏表示理论与方法,研究开放环境下的主动目标检测与识别,研究事件智能识别相机并根据时敏目标的时空异常进行特征成像。同时,软件定义卫星,轻量化、智能化在轨处理也逐步成为新的发展热点。

电磁频谱感知已成为新的发展重点,并随着信息化深入社会的各个角落,极大扩展了无线频谱的频段、空间和时间占用率。通过探测电磁频谱,在宏观层面,可掌握各地信息化进程,评估其信息系统能耗和碳排放量;在微观层面,可掌握全球航空和海上运输状况,监视单个飞机和船只,以及监视跟踪特定目标的电磁信号。电磁频谱感知在和平时期可指导国家规划和管理,在战时可掌握全球和局部战场电磁态势、监控敌方目标和行动。

综上所述,各航天大国为占领空间制高点,在空间信息网络技术发展领域均投入了大量的人力和财力来推动航天技术不断向前发展。尽管美国在此领域领先较多,但其不具备绝对优势,仍存在众多问题,技术发展空间很大。因此,我国亟须抓住快速发展空间信息网络技术的重要时机。

第 3 章　重大研究成果

本重大研究计划围绕空间信息网络模型与高效组网机理、空间动态网络高速传输理论与方法、空间信息稀疏表征与融合处理等科学问题，针对空间信息网络在应急救援、对地观测等"通""导""遥"的典型应用场景，重点支持了多个集成项目，并取得了积极进展，尤其是在面向突发事件快速响应的空间信息网络、基于临近空间平台的天地一体化信息网络、天基信息网络在轨处理与实时传输、基于多功能卫星平台的空间信息网络等方面取得了重大进展。

3.1　面向突发事件快速响应的空间信息网络

空间信息网络以卫星、临近空间飞行器、无人机等平台为载体，集信息实时获取、传输与处理功能于一体，能为用户提供跨平台的快速、精准、翔实、高效的信息服务，是未来信息基础设施的重要发展方向。目前，我国已建成了多类空间信息获取、信息传输和信息处理的基础设施，但各类设施大多仍处于分头建设、独立应用的状态，在一定程度上影响了综合应用效益的发挥。

面向典型应用开展关键技术综合集成与演示验证，是检验本重大研究计划攻关成果、展示空间信息网络应用潜力、明确后续发展方向的有效手段，对于验证和转化关键技术成果，推动本重大研究计划创新概念走向产业应用具有重要的现实意义。开展综合集成与演示验证试验时，面临平台资源有限、组织协调困难、成果成熟度不高等现实问题，需要在集成方法、试验技术和成果检验评价理论上有所创新。针对空间信息网络的技术和应用特点，项目组面向海上维权、抢险救灾等突发事件快速响应的重大应用需求，依托国内在轨多类卫星、临近空间浮空器、无人航空器及地面支持系统，设计了从应急需求提出到即时服务响应的应用体系架构，构建了包含信息获取、信息传输、信息处理、信息应用和信息系统评估的空间信息网络关键技术集成演示验证试验系统，开展了面向突发事件快速响应的天-临空-地网络化试验，验证了本重大研究计划高效组网、高速传输、融合处理等三大科学目标实现情况和关键技术研究成果，展示了空间信息网络未来应用模式，为空间信息网络技术发展及后续部署安排提供了参考。

围绕研究任务和目标，项目组提出了突发事件快速响应典型应用场景，构建了空间信息网络的应用模式和流程，设计了完整的应用体系架构，研制了集信息获取、信息传输、信息处理、信息应用于一体的演示验证系统。项目组基于本重大研究计划基础理论研究与关键技术攻关进展情况，分阶段在内蒙古、北京、西藏、青海等地开展试验，通过在轨运行系统、外场飞行试验与数字仿真相结合的方式，验证了光电网络混合组网传输与按需重构、多节点间同时激光高速信息传输、毫米波高速传输以及天-临空遥感影像空谱融合等一批重大研究计划技术成果，验证了空间信息网络在突发事件快速响应中的应用模式，证实了空间信息网络的信息时效性、体系稳健性和服务可靠性，充分展示了空间信息网络创新概念的技术优势和应用潜力，为我国低轨高密度卫星星座建设提供了有力支撑，为推动空间信息网络后续建设发展奠定了基础。

项目组提出了空天地一体化空间信息网络应用体系架构，在国内首次开展了外场动平台条件下"一对二"高速激光通信试验，实现了 2km 距离、2.5Gbps 速率的"一对二"双向高速激光传输；首次建立激光/微波混合网络，实现了空中多平台及空地视频数据光电混合组网传输；首次获取临近空间对地毫米波通信数据，验证了基于临近空间动平台实现大范围区域毫米波传输的基本原理和技术可行性；设计研制了轻小型星上在轨智能处理平台，并集成稀疏表征与融合处理算法，实现了遥感图像压缩倍率 40以上和吉字节量级遥感影像数据准实时在轨处理。项目组通过研究与试验，有力验证了本重大研究计划关键技术攻关成果的有效性和可用性，分析发现了现有技术成果存在的实际工程问题，为空间信息网络创新概念早日走向应用奠定了基础，提供了牵引。

3.1.1　主要创新性工作

（1）空天地一体化空间信息网络应用体系架构

目前的空间信息应用系统均采用分头建设、独立使用的应用服务模式，系统间缺乏信息共享和资源共用，统筹使用效率低、融合处理能力弱。空间信息网络是包含卫星、临近空间、航空平台及地面终端的立体多层网络，节点种类多、差异大，网络具有异构性；节点、链路不断变化，拓扑具有动态性。因此，多类平台间缺乏协同，多平台体系的综合应用能力弱。应用体系是空间信息网络的重要组成部分，是空间信息网络应用效能的直接体现，承载了空间信息网络创新概念的最终实现。

针对面向典型任务的空间信息网络应用问题，项目组在分析各类平台技术特点和应用优势的基础上，设计提出了空间信息网络应用体系架构（图2），明确了以天基平台为全球骨干、临近空间平台为区域核心、航空平台为区域增强的任务定位，建立了从应急需求提出到即时服务响应的应用模式与流程，研制演示了验证系统并开展了相应试验，为推动空间信息网络创新概念走向应用提供了支持。项目组分析了天基、临近空间和空基等不同类型平台的技术特点和应用优势，提出了面向典型任务的应用体系架构，明确了天、临空、地各类平台系统在网络体系中的任务定位，厘清了各平台间的空间信息获取、信息传输、信息处理与信息应用的流程关系。项目组设计提出的空间信息网络应用体系架构，对完善空间信息网络理论起到了重要支撑作用，为开展应用系统设计和研制提供了技术框架，为开展关键技术综合集成与演示验证奠定了基础。

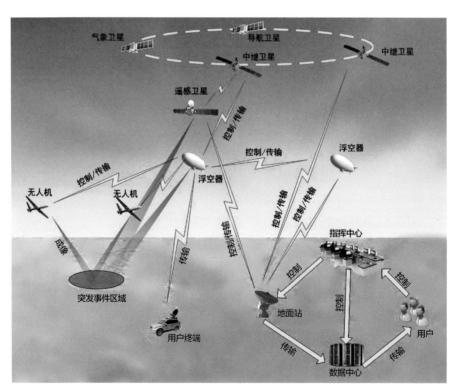

图 2 面向突发事件快速响应的空间信息网络应用体系架构

（2）基于临近空间 / 航空平台的大覆盖区域应急组网技术与试验

卫星等天基平台可长期运行于近地轨道，能够长时间为地面提供信息获取、通信传输等服务。但是受轨道动力学特性所限，天基平台对地服务的时间窗口有限，难以按需临时组网并提供连续服务，针对突发事件的应急快速响应能力较弱，临近空间和航空平台可以按照任务要求进行平台与载荷的灵活配置，从而为大覆盖区域应急组网提供解决途径[1]。

项目组针对空间信息网络模型与高效组网科学问题的验证需求，面向区域应急场景，突破了激光/微波链路混合组网传输等关键技术，研制了可编程空间智能网关[2]、大载重多旋翼无人机平台、空地通信系统等核心设备，集成了临空-无人机移动组网通信系统和超小型多功能激光通信系统等重大研究计划项目成果。项目组利用临空飞艇、系留气球、无人机等平台，构建了基于临空飞艇、无人机等动态节点的大覆盖区域应急混合网络（图3），开展了临空飞艇在轨飞行试验（新疆）、基于系留气球的光电混合组网飞行试验（西藏、青海）等集成验证试验。项目组利用临空节点的大覆盖能力、空中节点的移动特性以及激光链路和微波链路传输的异构特性，实现了空间信息网络大尺度拓扑、大范围覆盖、节点动态、网络异构等技术特征的模拟，利用可编程空间网关，实现了相关验证算法或协议软件的加载，实现了空间网络动态重构与时变拓扑等网络系统特性、包队列调度等空间网络节点特性和协议特性，以及空间节点动态接入与资源分配等移动接入特性的模拟。在此基础上，项目组进一步利用野外动平台试验，验证了无人机-临近空间平台综合网络协同传输与按需重构技术、基于任务驱动的激光/无线网络混合组网传输技术、飞艇-无人机移动平台超小型激光通信技术等重大研究计划项目成果，实现了大范围空空-空地动态节点条件下基于任务驱动的激光/无线网络混合组网传输和按需组网重构。经实际系统验证，基于临近空间飞艇可以实现300km大范围区域移动通信。

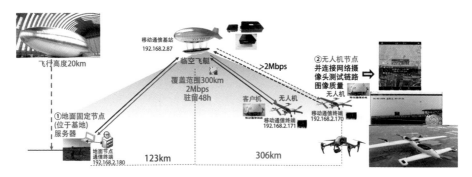

图3　基于临空飞艇、无人机等动态节点的大覆盖区域应急混合网络

（3）基于临近空间浮空器平台的高速信息传输网络设计与试验

在未来空间信息网络中，基于临近空间浮空器平台构建的信息传输网络由于处于承上启下的地位，存在通信信息量更大、传输速率更高、抗干扰力要求更强等一系列高要求任务。基于临近空间浮空器平台的高速通信网络要具备临-地链路、天-临链路和临-临链路三种基本的通信链路。设计合理的链路以充分发挥临近空间平台优势，实现对天、临空、地各类平台资源的有效整合，是空间信息网络高速信息传输能力得以实现的关键，也是空间信息综合服务能力提升的基础。

项目组针对空间信息网络中各类平台的技术特点，以及激光、毫米波等未来高速传输技术潜在优势，提出了基于天、临空、空平台搭建高速通信传输网络的总体架构，该架构以二元超压气球等平台为基础构建了临近空间高速通信骨干网络（图4）。该通信网络在空间信息网络中处于承上启下的骨干中继传输地位，是整个网络体系中的一个关键子网[3]。基于该网络架构，卫星遥感载荷获取信息后利用天-临激光链路传输至临近空间节点，其中天-临激光链路采用高速激光通信；空基平台获取遥感信息后通过空-临微波链路传给临近空间平台，再通过临近空间骨干网多跳转发至地面后端。临-地链路可选用激光，也可选用微波高速通信。由多个临近空间平台组成的临近空间网络，覆盖范围较大，可采用多点中继的方式进行临-临激光通信传输，在大气条件适宜的区域使用临-地激光通信链路落地。

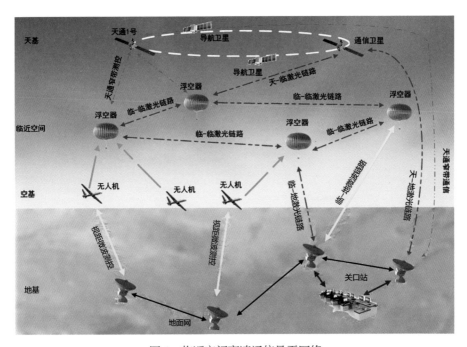

图 4　临近空间高速通信骨干网络

　　项目组利用自研和改造的系留气球与临近空间高空球，集成"面向空间平台的激光传输系统""面向空间平台的多节点间同时激光高速信息传输系统""超小型多功能激光通信系统""面向空临地毫米波高速传输技术"等项目成果开展了飞行试验。试验集成了上述高速通信关键技术成果，测试了高速通信载荷样机的工作模式与流程，验证了航空/临近空间平台环境下，通信速率、误码率、跟踪精度、跟瞄时间等核心指标，首次实现了 2km 下 2.5Gbps 传输速率的"一对多"双向高速激光传输（图 5）[4]，首次在 10 ～ 30km 中获取了临近空间对地毫米波通信实测数据[5]，并基于试验获取的空地信道实测数据，发现了当前技术存在的问题，为后续技术的落地奠定了基础。

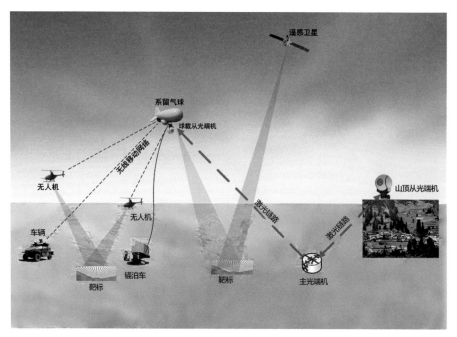

图5 "一对多"同时激光通信试验

（4）基于在轨智能处理平台的遥感图像稀疏表征与融合处理技术

全链路强时效性和多源信息综合服务能力，既是空间信息网络的技术特点，更是其在应用中的独特优势。在信息处理服务方面，空间信息网络需要突破多源遥感信息的稀疏表征与融合处理技术，在"快""清""准""全""懂"这五个方面，全面提升信息的质量，以实现空间信息网络的整体目标。项目组以突发事件快速响应任务为牵引，设计并提出了在轨高性能实时处理软硬件平台架构（图6），研制了基于高可靠FPGA芯片和高性能嵌入式GPU集成的通用化、开放式、可扩展、可重构在轨处理系统，构建了大规模影像目标检测数据集，集成并验证了融合超像素与最小生成树的高分辨率遥感影像分割技术[6]、基于对象光谱与纹理的高分辨率遥感影像云检测方法[7]、基于稀疏表征的遥感数据压缩方法[8]、基于平滑滤波的天临空遥感影像空谱融合方法[9]等关键技术成果，并利用在轨遥感卫星数据以及航空平台同步获取的多源遥感数据开展了融合处理试验。试验结果表明，本重大研究计划实现了吉字节量级遥感影像数据的准实时在轨处理，基于稀疏表征的遥感图像压缩倍率提高超过 40 倍、视频压缩倍率提高超过 300 倍，有效提高了海量遥感数据的传输和处理效率；实现了基于多源数据的目标几何信息、热红外信息、微波后向散射信息融合处理与展示，丰富了目标细节，提升了信息服务质量。

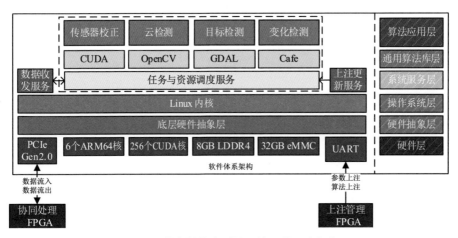

图 6　在轨高性能实时处理软硬件平台架构

（5）空间信息网络全要素全流程综合集成与演示验证试验方法

　　空间信息网络涉及天、临空、地等多类平台资源，开展演示验证所需的试验设备技术门槛高、价格昂贵，在国内协调使用相应资源的难度很大。开展综合集成与演示验证试验面临巨大的实际困难，需要从理念上、方法上寻找新的途径，综合考虑国内现实条件和关键技术成熟情况，设计可行的试验方案。项目组围绕空间信息网络高效组网、高速传输和融合处理这三大科学问题的演示验证，综合考虑国内的技术基础和可获取的资源条件，以"总体设计、阶段实施、滚动集成、综合演示"为指导原则，结合本重大研究计划关键技术成果的成熟情况，设计提出了分阶段实施的综合集成与演示验证系统总体方案，为直观展示空间信息网络的应用模式和流程提供了依据。自2017年起，项目组分阶段在内蒙古四子王旗（图7）、北京北安河（图8）、西藏鲁朗（图9）和青海大柴旦（图10）开展了演示验证试验，对高效组网、高速传输、融合处理等一系列关键技术成果进行了验证，获取了一批外场条件下激光、毫米波通信数据和天临空协同观测条件下的光学、微波遥感成像数据，演示了空间信息网络应用模式、流程和能力，实现了理论方法和关键技术与实际应用需求的对接。试验结果表明，空间信息网络在重大突发事件快速响应的应用中具备独特优势，能够为指挥决策和应对行动提供及时、准确、可靠的信息支持。

图7　内蒙古四子王旗试验现场

图 8 北京北安河试验现场

图 9 西藏鲁朗试验现场

图 10　青海大柴旦试验现场

3.1.2　研究水平与突出贡献

（1）首次构建了空天地多平台一体的综合集成试验系统，实现了空间信息网络全要素全流程应用演示。依托在轨遥感和中继卫星、临近空间高空气球、电动旋翼无人机等平台，装载了毫米波通信、激光通信以及成像载荷，并结合地面支持系统，建立集成了空天地多类要素的空间信息网络体系架构，实现了基于多平台的遥感数据获取、传输与处理，演示了基于多类型多平台协同的空间信息网络快速信息保障能力。

（2）首次实现了基于系留气球平台的"一对二"同时空间激光通信高速信息传输，建立了浮空器平台运动特性与空间激光网络高速信息传输性能的相关性，充分验证了"一对多"同时激光通信终端的可靠性，实现了空中系留气球对地面中继光学终端的快速建链与通信。

（3）首次完成了基于临近空间平台的毫米波通信试验，在25km高度的临近空间环境下，建立了持续稳定的空地通信链路，获取了跨越完整大气层的E波段通信信道一手试验数据，测试了不同调试方式下数据传输性能，验证了基于临近空间动平台的毫米波通信的可行性。

（4）首次建立了基于任务驱动的激光和无线网络混合组网传输，实现了基于系留气球和无人机等多平台的光电混合网络视频传输，建立了按需组网与动态接入、异构信息一体化处理的网络结构。

（5）基于卫星遥感影像和空基对地观测数据，实现了运动目标的智能检测与跟踪，验证了多平台多类型遥感数据的稀疏表征与融合处理技术，检验了基于稀疏表征的遥感数据高倍压缩方法，实现了多源数据的空间、光谱、热红外和微波后向散射信息的融合处理。

项目组在验证空间信息网络关键技术成果、展示空间信息网络应用潜力的同时，还通过试验实践发现了当前技术成果存在的典型问题，为后续技术攻关和工程应用积累了经验。①要进一步明确需求牵引。空间信息网络作为牵引未来空天技术和产业发展的创新理念，在应用上已有较为明确的场景设计，但目前部分关键技术仍缺乏明确的需求牵引，偏重理论和方法研究，未形成物化的关键技术成果，致使成果难以落地见效。②要提升技术成果的工程适应性。通过飞行试验，对异构混合组网、高速激光通信、毫米波通信等成果基本原理和技术方法的检验已基本完成，但上述成果对实际应用场景的复杂性考虑不够，特别是在外场试验环境下，对气温、湿度、风力以及平台振动特性带来的影响考虑不足，导致环境条件改变时，难以复现实验室条件下的应用性能。随着关键技术成果不断走向成熟，需进一步重视提升成果的工程适应性。③要进一步提升全流程的信息自动化处理能力。在项目研究过程中，部分试验环节由于传输链路带宽限制、处理软件集成度不高、设备应用条件局限等原因，存在人在回路现象。在突发事件快速响应应用中，空间信息网络自动化处理能力将直接影响信息服务的时效性，因此，亟须从数据获取、信息传输、信息处理和信息应用各环节提升系统的自动化能力，为提升空间信息网络全流程信息服务时效性做好技术储备。

3.2 基于临近空间平台的天地一体化信息网络

面向轨道交通和石油管线监测与安全运行等信息保障重大应用需求，项目组基于临近空间平台、无人机和卫星等空天节点，研究提出基于临近空间平台的区域动态协同监视应用技术体系架构、临近空间平台的天地一体化智能组网，以及基于空天地网络的典型应用场景安全状态监测、风险预警与应用服务等方法和技术，构建以临近空间平台为核心的天地一体化区域组网协同监视应用系统，通过区域动态组网实现局部区域的信息增强和保障，实现局部区域大范围、高强度监视，以弥补卫星移动网络和地面固定网络局部区域覆盖和信息保障的不足。面向轨道交通和石油管线监测等典型应用场景，为保证恶劣环境下的轨道交通稀疏路网和我国西部石油管线安全运行，项目组构建了天地一体化信息网络协同监视应用试验验证系统，同时集成验证了本重大研究计划的部分新成果，为空间信息网络后续理论与技术研究起到了牵引作用。

项目组围绕基于临近空间平台的天地一体化信息网络关键技术集成与综合验证目标，综合考虑了现有临近空间平台、空间设施条件和关键技术的发展情况，构建了基于临近空间飞艇、无人机的空地、空空智能组网移动通信系统。面向边远、无人值守轨道交通或石油管线等特定领域的综合安全保障与信息服务等典型应用，项目组开展了关键技术集成验证和空间信息网络重大研究计划的成果验证，对天地一体化信息网络后续理论、技术研究与发展起到了牵引作用，如图 11 所示。

项目组重点针对本重大研究计划的"空间网络模型与高效组网机理"科学问题，设计了基于临近空间平台的区域动态协同监视应用体系架构，提出了基于临近空间平台的天地一体化智能组网。主要工作与贡献如下。①在基于临近空间平台的天地一体化信息网络综合集成方面，构建了基于临近空间平台的移动通信系统，实现了基于临近空间平台的大范围

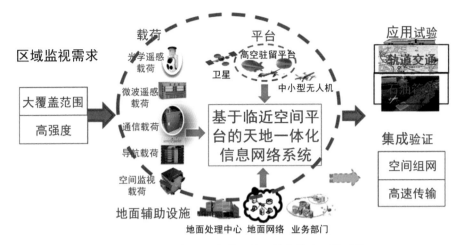

图 11　基于临近空间平台的天地一体化信息网络系统

（300km覆盖范围）移动接入和宽带传输。②在国际上首次实现了临近空间飞艇超过100h的长时定点（19000m）驻留。③集成验证了空地的高速激光通信技术。④在基于临近空间平台的区域动态组网方面，提出了一种基于知识的、网络主动适应任务的临空系统动态协同应用的体系架构。

　　该项目的主要研究内容包括基于临近空间的区域动态协同监视应用技术体系架构，基于临近空间平台的天地一体化智能组网技术，基于空天地网络的典型应用场景安全状态监测、风险预警与应用服务，面向典型应用的空天地网络综合集成演示验证等。项目的研究目标如下。①实现基于临近空间平台的动态协同组网；完成组网关键技术研究工作，完成研制通信设备和系统平台浮空器、无人机地面联试、搭载测试试验，构建基于临空飞艇、无人机的空地、空空智能组网移动通信系统。②实现区域高强度、高分辨率状态监测与风险预警；构建天地一体化网络监测系统，实现对监测对象系统的实时全息化风险评估与预警，为边远、无人值守轨道交通或石油管线等特定领域的综合安全保障的调度指挥服务提供信息支撑。③完成典型应用集成验证试验；设计典型应用场景下的系统集成、评估和技术验证系统，建立面向石油管线监视场景的空天地网络综合平台，完成面向铁路监视的天地一体化的试验验证工作，为后续综合集成与演示验证奠定技术与系统基础。

3.2.1　主要创新性工作

（1）基于临近空间平台的区域动态协同监视应用技术体系架构

项目组充分利用临近空间平台、无人机等节点具有的智能性和自主性，提出了具有自我学习和演进能力的区域动态协同组网应用体系架构。该体系架构设计的主要难点有网络如何组织以适应动态变化的应用与任务、体系架构如何动态演化以适应不同的应用服务。主要创新思路：①基于知识和能力对网络的功能进行分离，同时在应用服务上进行协同组织和调度；②基于机器学习和人工智能，面向动态的服务和用户，通过知识和能力设计一种具有自我学习和动态调整的应用体系架构。

基于知识中心的临近空间区域动态协同组网的应用体系架构如图 12 所示[10]。首先，面向网络系统，基于知识并以知识为中心实现系统软硬件虚拟化和定制服务，以及网络知识库和网络资源、系统功能和结构单元的模块化与抽象化。其次，面向用户实现应用模板的标准化和服务接口规范化，对应用任务进行统一表征和描述。最后，在网络控制层面，通过资源配置、动态组织和应用服务链构建灵活调配网络系统资源，实现系统功能重构、网络重构和服务重构，最大化系统应用体系架构的弹性，从而满足不同用户的应用需求，为用户提供可定制的综合服务。该应用体系架构不仅是一个具有系统核心特征的统一框架，能支持不同的监视等应用，即在空间具有应用可扩展能力（空间扩展性），还对外部环境和应用任务具有适应性，在时间上具有动态演进能力（时间扩展性）。此外，该体系架构建立和形成了"数据→知识→网络→服务"的大闭环反馈环路的学习、自我演化和优化控制，为不同应用任务和用户提供了快速、准确、灵活的信息服务[11]。

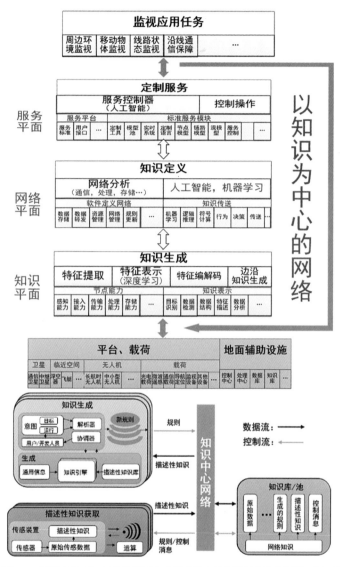

图 12　基于知识中心的临近空间区域动态协同组网的应用体系架构

（2）基于临近空间平台的天地一体化智能组网技术

针对高动态环境与受约束通信传输环境为组网带来的巨大挑战，项目组开展了组网传输方面的研究，实现了动态智能组网。项目组基于临近空间平台的天地一体化网络具有拓扑动态、链路时变、网络异构等特点，针对高动态环境与受约束通信传输环境给组网带来的巨大挑战，通过研究蜂窝和无人机一体化网络的网络选择、网络功能虚拟化（network functions virtualization，NFV）中间件部署等问题，实现动态的智能组网[12]。项目组针对低仰角、快速时变衰落信道、多径干扰等带来的挑战和问题，基于临近空间平台开展了网络通信和组网传输方面的研究，包括基于临近空间平台的阵列通信技术、基于临近空间平台的天地一体化数据链组网技术、基于知识中心网络的智能组网方法和技术等，以获得灵活的宽带接入、有效对抗链路错误、链路资源高效管理以及网络和任务的适配，实现以临近空间平台为核心的天地一体化智能组网[13]。项目组完成了空中动态组网，实现了有效负载与控制信息的通信复用，并基于轻量级深度学习、多尺度特征提取等实现了低成本硬件平台的加速边缘推理。

（3）基于空天地网络感知的轨道交通网络运营安全评价与指标体系

评价指标体系的确定是安全态势评价的核心问题，科学、合理地构建指标体系是进行后续风险控制的必要前提[14]。项目组在铁路行业标准及法律法规的基础上，确定了评价指标体系的构建原则，从系统结构层面、精准量化分析与定性评价层面、科学研究与实际工程操作层面多层次、多维度、全方位构建了评价指标体系[15]，如图13所示。轨道交通系统是一个相对封闭的系统，设施设备和外部环境通常是干扰列车安全运行的主要因素。结合轨道交通网络的运营特性，项目组将运营安全评价的过程划分为运营安全的感知、运营安全的理解和运营安全的分析。运营安全的感知主要是指通过艇机载荷、地面及车载传感器获取列车安全状态、线路周边地质灾害及基础设施安全状态信息；运营安全的理解主要是指利用大数据处理技术，实现对飞艇及无人机检测信息、基础设施和自然灾害检测信息、列车运行安全信息的融合挖掘；运营安全的分析主要是指在列车运行状态辨识、周围环境状态辨识和基础设施状态辨识的基础上，结合多源数据融合的特征提出评价方法，综合分析地面轨道交通网络的运营安全。在运营安全评价方面，项目组针对影响轨道交通系统运营安全的因素繁杂，如定性和定量因素之间存在交叉或不相容等情况，借助信息熵的思想及指标的时序性与动态性，提出利用熵权可拓物元模型进行安全评价。项目组进一步在故障模式影响与危害度分析（FMECA）模型框架下，提出了基于三角模糊数直觉模糊的多准则妥协解排序法（VIKOR）与累积前景理论的列车系统风险计算方法。项目组在基于空天地网络的铁路运行环境超视距感知与智能辨识方面，提出了基于无人机监测的铁路轨道区域分割提取、基于无人机监测的钢轨表面缺陷检测、基于无人机监测的钢轨扣件缺陷检测等方法，提出的安全评价指标体系为后续的运营评价、风险评估、安全运维等提供了理论指导和体系支撑。

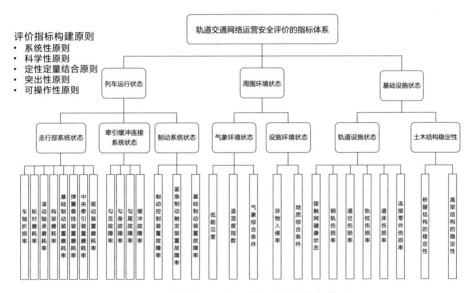

图 13　轨道交通网络运营安全评价指标体系

（4）无人机机载实时定位与机载处理的多单元三步堆叠流水线并行架构

为解决无人机获取数据快速定位问题，项目组针对无人机数据处理实时性要求高和机上平台存储计算能力有限的矛盾，基于获取的历史无人机数据，提出了基于地面特征库的无人机快速定位方法[16]。该方法的主要思路：利用线路沿线区域地面的历史无人机数据建立特征点指纹库，以无人机的粗略位姿信息、实时影像为初始输入，通过与建立的特征点指纹库匹配的方式计算获取无人机影像的准确位姿信息。在对无人机实时飞行获取的数据进行特征提取以及与地面特征库中的特征进行快速搜索匹配时，基于机上嵌入式处理平台的GPU模块实现并行处理可明显减少无人机实时处理计算量，提升无人机数据定位效率[17]。同时，针对无人机平台空间、载重、功耗均有限的问题，为保证无人机获取数据在线处理的效率，项目组采用不依赖外存的流式处理模式，在物理计算节点内部与节点之间构建处理流水线，使数据输入、算法处理、数据输出三步骤堆叠，隐藏耗时，设计了多单元三步堆叠流水线并行架构，如图14所示。相对于一般多单元流水并行模式，在待处理数据量、硬件单元数均相同的情况下，多单元三步堆叠流水线并行模式最多能将处理性能提升至3倍，可显著加快数据在线处理的速度，使无人机在线处理平台能够高效地处理数据。

（5）面向石油管线监视场景的空天地网络综合集成

项目组以长距油气管道运维所需的广域监视能力需求为牵引，提出了"基于能力、面向应用，服务封装、业务铰链"的演示验证系统架构和集成验证方法（如图15所示），设计了以临近空间平台为中心的长距油气管道运维和区域监视应用场景与作业模式，实现了业务系统"随遇接入、动态重组"，以贯通小时级基础资料同步链、分钟级行动计划协同链、秒级

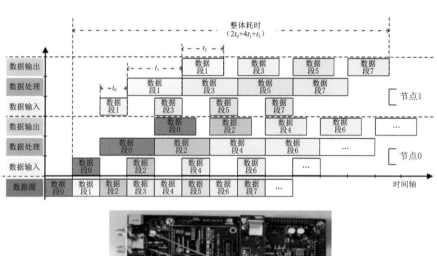

图 14　机载在线处理平台的多单元三步堆叠流水线并行架构

机动目标跟踪链、亚秒级告警信息指示链、语音和视频等流媒体勤务信息保障链等五类典型信息业务流程。基于面向石油管线监视场景的演示验证系统，项目组选择在飞行条件恶劣、试验难度极高的云贵高原开展了面向石油管线监视场景的空天地网络综合集成演示试验，构建了 251km 的长距离无人机测控网络，实现了单架次航程 502km 的实时测控飞行。该系统保障了石油管线巡检系统"第一时间发现险情、第一时间上报险情、第一时间消除隐患"，实现了山地复杂环境下的长距离巡检，对常规人工巡检进行了很好的补充[18]。

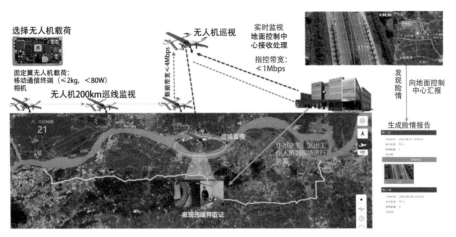

图 15　面向石油管线监视场景的空天地网络综合集成试验

3.2.2　研究水平与突出贡献

（1）在区域动态组网方面，项目组通过网络功能的分离与应用服务的协同，提出了一种基于知识、网络主动适应任务的临空系统动态协同应用的体系架构，以及空地负载信息与控制信息通信复用的高能效资源分配、基于阵列全双工中继的临空超视距宽带传输、面向边缘微智能的极简深度学习等智能组网方法，为基于临近空间平台的区域动态协同监视应用试验提供了理论和方法指导，满足了不同用户的应用需求和服务要求。

（2）在基于空天地网络的铁路安全风险预警与应用服务方面，项目组构建了面向轨道交通网络运营安全评价指标体系，提出了基于可拓物元模型划分运营安全等级、适用于轨道交通复杂系统的运营安全评价方法，以及一套基于改进FMECA模型框架的列车系统风险计算方法等，为边远、无人值守轨道交通等特定领域的综合安全保障的调度指挥服务提供了信息支撑。

（3）在基于临近空间平台的天地一体化网络综合集成方面，项目组构建了基于临近空间平台的移动通信系统，实现了基于临近空间平台的大范围（300km覆盖范围）的移动接入和宽带传输，临空飞艇可进行超过100h的长时定点（19000m）驻留。

研究成果的主要应用如下。①研制的高速铁路基础设施无人机智能巡检系统已部署应用到中国最繁忙的高铁线路——京沪高铁，为京沪高铁的安全运营起到了保驾护航作用，为铁路行业提供了空地巡检新模式；成果作为京沪高铁开通十周年重大科技成果进行了宣传报道。② 2021 年 10 月，依托本重大研究计划研究形成的"高速列车一体化主动安全保障技术系统"代表交通行业参加了国家"十三五"科技创新成就展。③本重大研究计划研究成果已经在中国石油化工集团公司（中石化）的项目中进行了应用，完成了华东油气管道镇江段和南京段 85km 管道的无人机巡检；相关技术在高分专项航空军民融合对地观测中心运维与服务项目中得到了较好的应用。④有效支撑了《临空信息保障"一带一路"倡议咨询建议》和《轨道交通/航空交通基础设施发展建议》的提出。⑤相关成果已扩展应用至朔黄铁路、京沪铁路的线桥隧巡检与轨道日常运营维护系统中。

3.3　天基信息网络在轨处理与实时传输

空间信息网络是以空间平台为载体，实时获取、传输和处理空间信息的网络化系统，图 16 为空间信息网络的概念图。空间信息网络关系到国家安全与社会经济的发展，是全球范围的研究热点[19]。空间信息网络涉及信息获取、信息传输、信息处理与信息应用，既是对信息与通信工程、电子科学技术、计算机科学、控制科学等信息学科分支的综合研究，又是地球学科、数学学科、物理学科等多学科综合交叉研究的新领域，是一门多学科高度交叉与融合的系统科学[20]。综合集成演示对于验证科学目标实现情况、验证关键技术突破及应用能力、展示空间信息网络技术发展具有重要意义。天基信息网络在轨处理与实时传输的综合集成演示验证，涉及信息获取、信息处理、信息传输与信息应用全过程。传统的仿真验证和半物理验证，难以对相关科研成果进行综合验证，无法全面展示空间信息网络环境下遥感实时智能应用的效果，它们存在如下几个问题：难以实现大尺度网络环境下遥感信息从获取到分发的全过程验证，难以验证在轨处理与稀疏表征等关键技术成果的成熟度，难以探索和发展未来空间信息网络遥感应用服务的新模式。

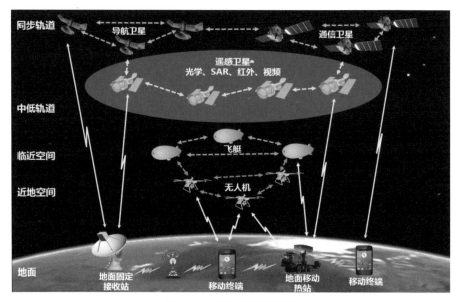

图 16　空间信息网络概念

在本重大研究计划的支持下，项目组开展了天基信息网络在轨处理与实时传输的综合集成演示验证研究，以在轨处理、稀疏表征与压缩传输关键科学问题研究成果为基础，研制了一颗智能遥感试验卫星[21]，构建了遥感与通信集成的在轨试验验证平台。项目组结合现有天基信息网络的通信能力，演示验证了海量遥感数据实时获取、智能处理、稀疏表征与压缩传输中的关键科学问题，实现了遥感影像从数据获取到应用终端分钟级延时的遥感信息高效智能服务，解决了星地协同的全链路遥感信息实时智能服务体系构建这一关键科学问题，突破了"一星多用"的智能遥感卫星试验验证平台设计和星载可扩展可重构的柔性实时计算平台设计关键技术，展示了全球范围的信息获取、智能处理、稀疏表征、压缩传输和移动终端实时分发全过程，体现了信息网络环境下遥感数据应用"快""准""灵"的目标。

3.3.1　主要创新性工作

（1）星地协同的全链路遥感信息实时智能服务体系

遥感信息实时智能服务是空间信息网络和对地观测领域中将数据获取、信息提取、信息发布一体化结合的目标。然而，随着高分辨率遥感数据获取能力的逐步增强，传统的数据处理与信息提取模式从数据获取、数据传输、数据接收、数据地面处理再到用户手中，往往需要花费数个小时甚至更久，难以满足高时效遥感信息服务的需求。针对上述问题，项目组提出了智能遥感卫星实时智能服务应用的新模式，构建了空间信息网络环境下智能遥感卫星从数据获取到信息智能服务的全链路集成演示验证体系，打破了传统的遥感数据获取、过顶传输、地面接收处理后再进行实际应用的低效模式及服务滞后状况，极大缩短了遥感信息从数据获取到信息智能服务的时间周期，实现了遥感信息的快速高效服务，充分展示了空间信息网络环境下遥感信息的智能服务能力[21]。

（2）星载可扩展可重构的柔性实时计算平台设计

为了提高星载计算平台的开放性和扩展性，实现高效灵活的算法上注与参数修改，加强星上处理算法的可靠性和适应性，提高遥感卫星的智能化程度，项目组针对在轨信息处理任务多样、处理算法复杂的特点和星上环境与资源约束，以及后续星上实时处理功能扩展的需求，对在轨高性能

49

处理平台进行了需求分析。项目组采用柔性设计的原则，研究了星上实时处理集成演示验证硬件架构设计与星上实时处理集成演示验证软件架构设计，以光学载荷的云检测、目标检测与定位等任务的算法为基础，构建并实现了星上可扩展高性能实时计算平台，为后续星上应用奠定了基础[22-23]。

（3）卫星视频的稀疏表征与智能压缩技术

针对卫星视频图像信号时空稀疏的特点，项目组设计了星地协同的在轨实时编解码框架，研究了具备高压缩率、低复杂度、高并发的编码方法，使其能够满足星地有限带宽下传输和星上有限计算资源下实时编码的需求[24]。项目组围绕对地观测卫星视频图像数据的高效压缩问题，针对同一区域拍摄的多幅卫星遥感图像间因背景区域长时间缓慢变化而产生的长程冗余，研究了星地端长程背景字典的构建方法及其零流量更新方法，实现了卫星视频图像数据的高效压缩。

（4）天基信息网络星间 - 星地实时传输技术

为满足星间-星地、境内或境外实时传输需求，项目组设计了星间-星地多链路实时传输架构。智能遥感卫星对天面配置中继数据传输相控阵天线，对地面配置灵巧通信相控阵天线，均接入可重构通信中继处理载荷[25]。对天通过中继卫星及其地面站，实现遥感数据星间回传和载荷控制指令与数据的注入；对地通过机动站或固定站与智能遥感卫星间的动态链路，实现遥感数据对地高速分发、中低速通信和载荷指令与数据注入[26]。项目组研发了一套遥感信息地面实时传输系统，实现了与武汉地面站、控管中心、移动通信车和大数据中心之间的实时与非实时卫星遥感数据接收、处理和转发。系统可支持高达 300Mbps 的遥感数据可靠传输，能满足遥感信息实时服务需求。

（5）"一星多用"的智能遥感卫星试验验证平台设计

我国现有的通信、导航、遥感卫星系统各成体系，系统孤立、信息分离、服务滞后。传统遥感卫星需要过境或通过中继卫星向地面站下传数据，无星间链路和组网，数据下传瓶颈严重制约了信息获取效率。针对上述问题，项目组设计并研制了一颗智能遥感试验卫星，如图 17 所示。该卫星具备高性能处理平台、开发软件平台，支持在轨灵活加载、安装智能处理应用软件小程序（APP），具备亚米级数据获取、星上智能任务规划、在轨实时处理、星间-星地实时传输的能力，支持向普通大众移动终端提供端到端遥感信息服务。该卫星以 0.7m 彩色相机为主载荷，如图 18 所示，可实现推扫、推帧、凝视等多种成像模式[21]。在轨智能处理单元采用主备异构硬件架构和基于嵌入式 Linux 内核的软件架构，支持试验算法软件及参数上注更新和功能动态扩展。同时，项目组建立了卫星与地面站和中继卫星之间的数据链路，满足了在轨试验验证智能化和信息传输的时效性需求。

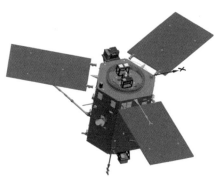

图 17 "双清一号"智能遥感卫星示意

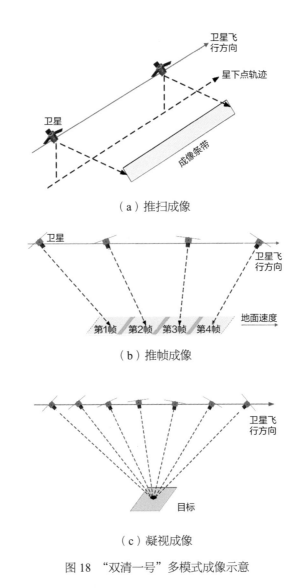

（a）推扫成像

（b）推帧成像

（c）凝视成像

图18 "双清一号"多模式成像示意

　　项目组以在轨处理、稀疏表征与压缩传输关键科学问题研究成果为基础，结合智能遥感试验卫星，构建了遥感与通信集成的在轨试验验证平台。平台能够集成演示与验证海量遥感数据实时获取、智能处理、稀疏表征与压缩传输的关键科学问题，以实现遥感影像从数据获取到应用终端分钟级延时的遥感信息高效智能服务，展示全球范围的信息获取、智能处理、稀疏表征与压缩传输和移动终端实时分发的全过程。其中，通信传输指标支持遥感卫星到地面固定接收站的下行速率为 300Mbps，地面固定站到遥感卫星的上行速率为 1Mbps，支持遥感卫星到中继卫星的传输速率为 5Mbps，中继卫星到遥感卫星的传输速率为 2kbps。在智能处理与压缩指标方面，视频图像压缩倍数优于 200 倍（峰值信噪比优于 35dB），单板计算能力大于 500GFLOPS，单板缓存能力不低于 4GB。

3.3.2 研究水平与突出贡献

（1）构建了首个大尺度网络环境下智能遥感卫星从实时数据获取到信息智能服务的全链路集成演示验证体系，在典型的集成演示应用场景下对支撑智能遥感信息服务的各关键技术进行了有效验证，证明了其正确性及可靠性，实现并直观展示了天基信息网络智能遥感信息服务全过程，可为国家自然科学基金资助项目研究中涉及的相关在轨功能软件提供实时验证平台。

（2）建立了我国首个遥感通信一体化智能卫星试验平台，可基于天地互联网的智能多模遥感卫星，通过手机小程序和星地通信链路，实现全球范围遥感数据从获取、在轨处理到应用终端的分钟级遥感信息高效服务。利用现有通信卫星系统，在有限带宽资源下开展了遥感信息的准实时传输；通过在轨智能实时处理、稀疏压缩，实现了在真实环境下对空间信息网络关键技术成果成熟度的验证，极大推进了关键技术成果转化为实际应用服务的进程。

（3）开创了智能遥感卫星实时智能服务应用的新模式，打破了传统的遥感数据获取、过顶传输、地面接收处理后再进行实际应用的低效模式及服务滞后的现状，极大缩短了遥感信息从数据获取到信息智能服务的时间周期，实现了遥感信息的快速高效服务，充分展示了空间信息网络环境下遥感信息的智能服务能力，为我国通导遥一体化空天信息智能服务系统建立提供了技术支持，这对于提高遥感信息服务的时效性、提升遥感信息大众化应用服务水平、推进遥感信息的军民应用都具有积极意义。

随着我国对空间资源开发和利用的不断深入，空间信息网络的相关研究受到高度关注。2015 年，项目组对我国空间信息网络的研究目标和科学问题进行了论述；2017 年，项目组提出未来空间信息网络环境下对地观测脑的概念，详细介绍了对地观测脑的概念模型及需要解决的关键技术，举例说明了对地观测脑初级阶段的感知、认知过程。当时，我国对空间信息网络的理论研究已经较为成熟，并且各项关键技术均取得了丰硕的成果，但是尚未成体系地开展空间信息网络的综合集成与在轨试验验证工作，尚未验证各项研究成果在真实环境中信息获取、信息传输、信息处理与信息应用全过程的有效性，缺乏性能分析数据，难以将科研成果转化为实际应用。项目组经过多年的努力，研制了一颗智能遥感试验卫星，构建了遥感与通信集成的在轨试验验证平台，结合现有天基信息网络的通信能力，集成演示并验证了海量遥感数据实时获取、智能处理、稀疏表征与压缩传输的关键科学问题，实现了遥感影像从数据获取到应用终端分钟级延时的遥感信息高效智能服务，展示了全球范围的信息获取、智能处理、稀疏表征与压缩传输和移动终端实时分发的全过程，体现了信息网络环境下遥感数据应用"快""准""灵"的目标，为我国通导遥一体化空天信息智能服务系统建立提供了技术支持。

相关成果成功应用于我国 22 颗卫星（民用 8 颗，军用 14 颗），全面支撑了我国民用和国防建设。成果还在中国资源卫星应用中心、国家海洋卫星应用中心和国家遥感数据中心的卫星遥感数据处理系统建设项目中得到了业务化应用，保障了国家重大卫星型号工程，产生了重要的军事效益和社会效益。

总之，项目组建立了我国首个遥感通信一体化智能卫星试验平台。平台支持在轨灵活加载、安装智能处理软件，具备星上智能任务规划、智能图像实时处理能力，支持向普通大众移动终端提供端到端的遥感信息服务，能够推进关键技术成果转化为实际应用服务的进程，应用价值高[27]。

3.4　基于多功能卫星平台的空间信息网络

项目组针对本重大研究计划前期支持项目成果缺少构建卫星与地面配套设施相结合的集成验证环境，亟待开展在轨验证的难题，利用现有在轨卫星的系统架构、平台多功能性、增量载荷以及星上软件可重构等资源，开展了基于多功能卫星平台的空间信息网络关键技术集成验证，取得了在轨验证成果，为空间信息网络及下一代卫星导航系统后续建设奠定了技术基础，为本重大研究计划前期成果的在轨验证创造了有利条件。

主要研究内容和集成验证试验内容体现在以下三个方面：①梳理本重大研究计划研究项目前期成果，总结基于多功能卫星平台空间信息网络关键技术集成验证的需求；②构建空间信息网络集成验证环境，开展在轨试验；③开展基于多功能卫星平台随遇接入与动态组网技术、快速任务调度技术等研究。具体工作：基于在轨卫星系统［包括 3 颗地球同步轨道（GEO）卫星、3 颗倾斜地球同步轨道（IGSO）卫星和多颗中地球轨道（MEO）卫星平台，以及增量载荷配置、地面站资源和试验设备等］的平台资源，搭建了"多功能卫星集成验证平台与验证环境"平台，平台具备星间速率不低于 1Gbps，星地链路不低于 300Mbps 的传输能力；研制了"基于在轨卫星星座的天基信息网络资源配置管控与评估系统"，以空间网络链路验证场景为基础，突破了极窄波束、远距离、双端高动态指向与建链等核心技术，在 19000 ～ 62000km 星间距离条件下，在国际上首次实现中高轨卫星间激光建链通信；以空间网络协议验证场景为基础，首次完成了 IPv6 空间组网应用试验，验证了高动态条件下高速星间 - 星地网络中的

IPv6 技术体制；以空间网络路由验证场景为基础，首次成功开展OSPFv3空间动态路由应用试验，实现了基于OSPFv3 的空间网络动态路由功能；以空间网络接入验证场景为基础，完成基于在轨卫星短报文的泛在接入技术验证，低轨卫星用户通过在轨卫星系统，实时将天基信息下传至运行中心，展示出导航/遥感天基信息一体化的应用效果和前景，为本重大研究计划研究成果开展飞行验证奠定基础，为空间信息网络的健康、稳步、可持续发展提供了技术支持和储备。

研究工作及成果推动了空间信息网络的工程建设。项目组针对目前我国空间信息网络发展过程中存在的受卫星平台承载能力和载荷技术发展水平制约，无法构建大规模试验网络的问题，利用我国卫星导航系统现有的能力（图 19），将理论基础研究成果与工程建设成果有机结合，充分利用各种现有空间试验资源以及保持一定的低成本投入，突破并掌握了空间组网的相关关键技术，有效促进了理论成果向工程应用的转化，加快了我国空间信息网络领域跨越式发展的步伐[28-29]。研究工作及成果也推动了我国下一代卫星导航系统的跨越式发展，为我国下一代卫星导航系统发展积累了技术和经验，有效建立和完善了未来卫星导航系统领域完整、成熟的技术体系，解决了该领域今后发展的重点原理性问题[30-31]。

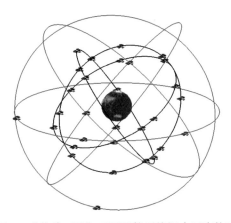

图 19 "北斗三号"卫星导航系统混合星座构型

3.4.1 主要创新性工作

（1）基于多功能卫星平台的空间信息网络关键技术集成演示环境

传统的仿真验证和半物理验证环境，难以对相关科研成果进行综合验证，无法全面展示空间信息网络环境下动态组网的效果。项目组针对由试验任务和试验资源多样性、复杂性、异构性等特点带来的"多功能卫星集成验证平台与验证环境"设计与搭建等难题，按照"精干高效、虚实结合、神似形象"的研究思路，基于在轨卫星（3颗GEO、3颗IGSO和多颗MEO卫星平台）系统，以及增量载荷配置、地面站资源和试验设备等平台资源，完成了1套"多功能卫星集成验证平台与验证环境"的构建，设计了"一环、一网、一线"三个层次网络小型空间信息网络。其中，"一环"为天基骨干网，由3颗GEO、3颗IGSO卫星组成；"一网"为天基接入网，由多颗MEO卫星组成；"一线"为地面演示验证系统，由在轨卫星地面站、密云站两点组成，激光星间链路速率为1Gbps，如图20所示。

在"集成验证平台与验证环境"构建阶段，项目组研制了基于导航星座的天基信息网络资源配置管控与评估系统，以结构化数据的处理方式和面向用户使用的空间地理可视化方式，建立多星之间的统一数据管理、控制和信息可视的界限，为系统总体、单星、多星开展网络关键技术集成的综合验证，是多功能卫星平台的重要组成部分。研究成果支撑了空间信息网络基础理论与关键技术集成验证试验，推动了我国空间信息网络的建设[32]。

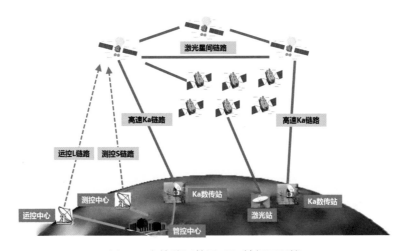

图 20　在轨验证的星 - 星 - 地组网环境

（2）大时空跨度下窄波束信号端对端传输技术集成验证在轨试验

　　针对节点间高速传输信号波束窄、传输距离跨度大，以及双端链路动态变化、空间链路难以快速可靠建立的难题，项目组基于多功能卫星平台，设计了空间网络链路验证场景，搭建了不同轨道卫星平台激光星间链路试验组合，包括MEO-MEO同轨、MEO-MEO异轨、IGSO-MEO、IGSO-IGSO等不同类别的星间链路，如图21所示。

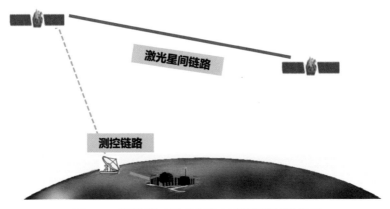

图 21　不同轨道卫星平台激光星间链路试验场景

针对复杂动态星间链路条件下超高精度激光指向控制技术，项目组以本星轨道信息、目标星轨道信息、地面站坐标、本星姿态信息等作为输入，基于精密卫星轨道信息与实时姿态拟合，开展了激光星间链路高精度指向技术检验。经过在轨试验验证，卫星位置误差拟合精度24h不超过200m，影响指向偏差不超过0.0001°（图22），信息传输时延不确定性引入的指向误差不超过0.0005°，卫星三轴姿态拟合误差优于±0.0005°，星载在轨指向精度全系统优于0.05°。提出的激光星间链路多目标源在轨标校方法和基于误差拟合补偿修正的在轨指向标校算法，指向误差的剩余残差最大约0.01°（175μrad），优于1mrad的在轨标校指标，如图23所示。

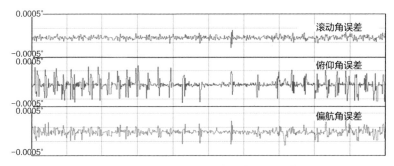

图22　卫星终端在轨指向精度等效误差

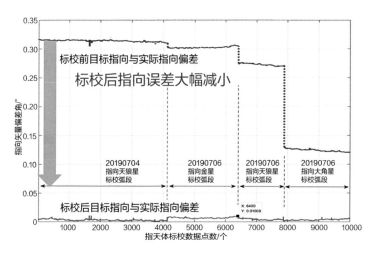

图23　全空域指向标校和误差补偿后指向精度

在国际上首次实现中高轨卫星间激光建链通信，完成了同轨MEO双星、异轨MEO双星、MEO-IGSO双星、IGSO-IGSO有信标光辅助捕跟试验，捕获时间优于8s，信标光辅助捕跟可在最远69000km的多种链路工况下稳定重复建链，且链路稳定，如图24所示。

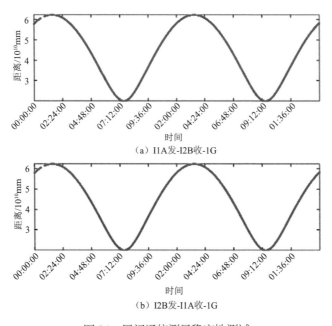

（a）I1A发-I2B收-1G

（b）I2B发-I1A收-1G

图24　星间通信测量稳定性测试

（3）可扩展高可靠的异质异构天地组网技术集成验证在轨试验

针对天地远距离长时延、动态链路等带来的间断连通、变时延约束问题，提高网络资源支持业务服务的效率和适应性，可以使复杂空天地环境中网络资源利用的高效性与服务质量得到保障。项目组基于多功能卫星平台，设计了空间网络协议验证场景，搭建了不同轨道卫星平台激光星间链路试验组合，搭建了不同轨道、不同卫星平台在星间链路、星地链路构成的骨干网，包括IGSO卫星组网试验、IGSO/MEO综合组网试验等不同类别的星际网络。骨干网络的拓扑动态变化特性要求骨干网络的拓扑能够灵活配置和重构，这对骨干节点各星间链路、星地链路地址的高效自动维护功能提出了较高要求。项目组充分利用国际空间数据系统咨询委员会（Consultative Committee for Space Data System，CCSDS）和地面互联网技术的成果，提出并设计了基于IPv6的天地一体组网协议，实现了标准化的分层协议功能，在3 IGSO+2高速Ka卫星站节点规模下（图25），验证了激光星间链路和高速Ka卫星站星地链路组网流程的匹配性，实现了IPv6 over CCSDS卫星网络与地面IPv6、IPv4网络互联互通，地面通用网络设备即连即用，具备灵活的天地一体化互联互通互操作能力，是我国首次完成的IPv6空间组网应用试验，验证了高动态条件下高速星间-星地网络中的IPv6技术体制。

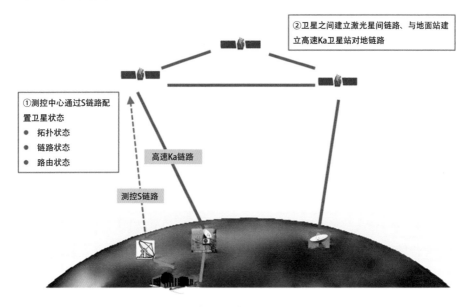

图 25　空间网络协议验证场景

（4）空间时变拓扑连接下的动态路由技术集成验证在轨试验

如何从源节点到目的节点多条路径中寻找满足用户服务质量（quality of service，QoS）需求的最优路径，降低空间网络应对单链路失效的恢复时间，从而更好适应资源受限的航天环境，是多颗卫星组成的卫星网络面临的挑战之一。为此，项目组基于多功能卫星平台，设计了空间网络路由验证场景，搭建了不同轨道不同卫星平台星间-星地链路构成的骨干网，开展了单颗IGSO卫星与两地面站动态路由试验、MEO卫星+IGSO卫星+地面站动态路由试验、MEO卫星+IGSO卫星+IGSO卫星+地面站动态路由试验，如图26所示。

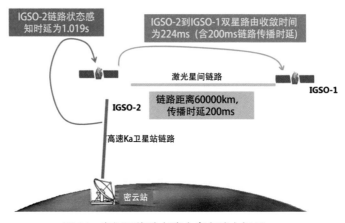

图 26　空间网络动态路由自主建立场景

骨干网络的拓扑动态变化特性要求骨干网络路由协议能够高效感知动态变化的网络拓扑、快速更新路由转发决策，以实现高效、可靠的数据转发功能。为此，项目组提出并设计了基于OSPFv3协议的空间网络动态路由自主管理技术和基于跨层优化的链路状态快速检测机制，将链路通信锁定状态纳入动态路由接口管理，加快了路由收敛速度。通过在轨的2颗IGSO卫星和1颗MEO卫星等，卫星骨干网管理设备与地面商用路由可自动完成协议交互，自主生成动态路由表，实现了网络联通，支持了遥测和星地等业务数据的传输。这是我国首次，也是国际上已知的首次成功开展的OSPFv3协议空间动态路由应用试验。它实现了基于OSPFv3协议的空间网络动态路由功能，提升了星间网络的健壮性、适应性，提高了空间网络系统中星间网络的运行管理效率。

（5）基于在轨卫星短报文的低轨用户卫星泛在接入技术集成验证在轨试验

面向多样化空间业务接入需求，如何解决动态波束带来的高维耦合干扰难题，实现动态拓扑中有限资源约束下的业务最优规划，是卫星网络面临的又一挑战。为此，项目组基于多功能卫星平台，设计了空间网络接入验证场景，搭建了在轨卫星短报文和低轨用户卫星泛在接入架构，开展了"GEO卫星＋多个MEO卫星＋低轨用户卫星"的短报文泛在接入试验，如图 27 所示。

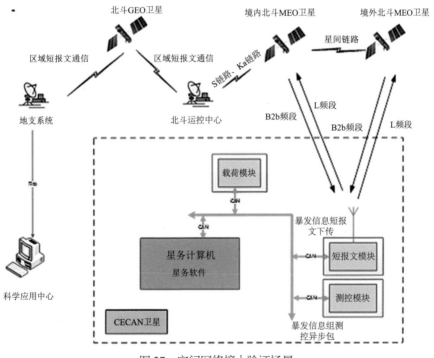

图 27　空间网络接入验证场景

项目组提出的"多点接入、多路并传"短报文路由方案，首次实现了传输过程中"用户到用户、节点到节点"相结合的双层确认机制。项目组在全球系统中的 3 颗 GEO 卫星和 14 颗 MEO 卫星中配置了全球报文通信载荷，利用星间链路和星地链路实现了低轨道（LEO）用户终端和地面控制中心之间的双向报文通信，将服务区域扩展至低轨空间。新技术"试验卫星七号"首次通过在轨卫星实时将天基 SAR 信息下传至运行中心；"怀柔一号"极目望远镜首次通过在轨卫星系统"实时"将伽马射线暴的观测警报下传至科学运行中心。在两次试验中，LEO 卫星在随遇接入、切换接入等过程中均无丢帧等现象，短报文全球传输时延小于 30s，服务成功率优于 98%，揭开了导航/遥感天基信息一体化的序幕。

3.4.2 研究水平与突出贡献

（1）基于多功能卫星平台的随遇接入与可靠建链技术

依托本重大研究计划在随遇接入与可靠建链方面的研究成果，项目组面向构建基于多功能卫星平台的空间信息网络需求，重点开展了大时空跨度下双节点窄波束端对端传输技术在轨验证；基于在轨卫星短报文的低轨用户卫星泛在接入技术开展了在轨验证；进一步结合星地大传输时延、星间建链高可靠性要求与跨轨道卫星运动强异构的特点，提出了基于免授权非正交多址的多用户接入技术，以及波束盲对准技术。

（2）基于多功能卫星平台的快速任务调度与动态组网技术

面向构建基于多功能卫星平台的空间信息网络需求，项目组立足国内现有星载快速任务调度与动态组网的技术水平，以及在轨卫星平台资源，重点开展了可扩展高可靠的异质异构天地组网技术在轨验证和空间时变拓扑连接下的动态路由技术研究及在轨试验。面向未来中低轨卫星节点高速运动使拓扑变化频繁、可预测拓扑变化与不可预测的随机故障并存等特点，项目组研究了面向空间信息网络的自适应路由协议以及高效传输控制协议。

（3）基于多功能卫星平台的空间信息网络试验方法

针对任务进行抽象和分解，项目组提出了基于多功能卫星平台的空间信息网络试验方法，把一个任务分解成一系列子任务的集合，子任务对应于平台/载荷的一个单独运行/执行的动作/操作，各个子任务通过运行流程组合成为一个任务。项目组还开展了任务数据描述研究，对任务数据的产生、存储、传输与处理过程等逐个进行建模和语言描述。

（4）搭建了基于多功能卫星平台的由"一环、一网、一线"组成的集成验证系统，建立了天基信息网络资源配置管控与评估系统

在项目研究及试验工程中，项目组充分调研国内外空间激光网络技术的发展趋势，构建了空间激光网络在轨试验系统，形成了一套在轨试验方案。项目组搭建了作用最远（62000km）的空间激光网络在轨技术试验系统，在19000～62000km星间距离的条件下，成功实现了中高轨卫星间激光建链通信，并进行了2000余次在轨激光建链试验，捕获建链成功率为100%，累计试验时间超过5490h，实现了预定的研究工作内容和研究目标。

①在空间网络链路验证场景下，项目组通过在轨卫星的MEO第一轨道面的卫星、MEO第二轨道面的卫星和轨道面相位差120°的3颗IGSO卫星等，验证了大时空跨度下窄波束信号端对端传输技术，突破了极窄波束、远距离、双端高动态指向与建链等核心技术，攻克了激光星间建链难题，并在19000～62000km星间距离条件下，在国际上首次成功实现了中高轨卫星间激光建链通信。

②在空间网络协议验证场景下，项目组通过在轨卫星的 3 颗 IGSO 卫星激光星间链路和 Ka 卫星站星地链路设备等，试验验证了可扩展高可靠空间网络协议。我国首次完成了 IPv6 空间组网应用试验，验证了高动态条件下高速星间-星地网络中的 IPv6 技术体制，测试检验了 IPv6 卫星网络性能。

③在空间网络路由验证场景下，项目组通过在轨卫星的 2 颗 IGSO 卫星和 1 颗 MEO 卫星等，试验验证了空间时变连接动态路由自主管理技术。我国首次成功开展 OSPFv3 空间动态路由应用试验，实现了基于 OSPFv3 的空间网络动态路由功能，既提升了星间网络的健壮性、适应性，也提升了空间网络系统中星间网络的运行管理效率。

当前，国家卫星互联网工程即将开展建设，卫星总体明确提出了星间激光组网采用激光通信与测量的技术方案，国内已经开展了相关研究和地面测试。本重大研究计划的相关成果（包括技术体制、方法、流程及经验等）已成功应用于我国后续的高轨通信卫星系统、卫星互联网等工程，以及我国的定位导航和授时（positioning-navigation-timing，PNT）体系及下一代北斗卫星导航系统论证中[34-35]，为构建国家空间信息网络、提高空间信息组网及传输能力提供了有力支撑。

未来，大规模星座组网将广泛采用激光链路技术，在轨卫星数量巨大，时空分布呈动态变化，对空间激光网络的技术要求和应用需求将愈来愈明确、愈来愈迫切[32-33]。因此，必须加强空间激光网络相关关键技术的攻关和在轨试验验证，并提出严格要求。

第4章 展　望

当前，世界范围内的空间信息网络发展方兴未艾。一方面，面向领域学科前沿，低轨巨星座、新频段新体制通信、分布式协同探测等技术不断发展；另一方面，面向国家重大实际应用急需，"一带一路"建设、国防安全网络发展等对自主可控、韧性安全的空间信息系统提出了迫切要求。当下，美国的低轨巨星座计划"星链"已有4000多颗卫星在轨运行，正在为全球上百万用户提供宽带互联网服务，已初步具备商用能力，并在俄乌冲突中显示出了较高的军用价值。空间信息网络作为信息时代无法被取代的信息基础设施，必将是很长一段时期内大国竞争博弈的焦点。

4.1　战略需求

面向空间信息网络学科前沿，低轨巨星座、新频段新体制通信、分布式协同探测等技术不断发展。

（1）低轨巨星座。低轨巨星座通常由数百至上万颗不同类型的卫星组成，可提供各类服务，但需要解决基础理论、弹性组网、统一管理、宽带链路、星间处理、实时服务等众多科学技术前沿问题，且无现成模式可参照，必须不断探索创新，走出一条自主发展的路线。

（2）新频段新体制通信。面对现有卫星通信频段趋于饱和的现实问题，需要开拓新频段并尽快占据新频段，需根据新频段带宽、传播等特点，研究制定一套通信新体系，独树一帜，从基础软硬件做起，摆脱受制于人的困境。

（3）分布式协同探测。充分发挥卫星"看得远""看得全"的天然优势，采用星群分布式、多手段、多制式、组网探测、协同处理，穿云破雾，进一步提升卫星"看得清""看得准"的能力。

面向国家重大现实应用急需，"一带一路"建设、国防安全网络发展等对自主可控、韧性安全的空间系统提出了迫切要求。

①大国博弈下的空间系统自主可控、韧性安全。网络电磁空间已经成为继陆、海、空、天之后的第五大国家主权空间，空间信息网络因其独特的高边疆优势，能够实时掌控对手活动，增强我国对态势洞察和应对的能力，以便在对抗中获得优势，已成为国之重器，具有强大的威慑力。俄乌冲突中，西方凭借网络电磁空间优势，占据了信息主动权，极大地增强了乌方的体系对抗实力。尽快发展自主可控空间信息网络，反制太空霸权，抵消他国网络电磁空间效能，增强我国抗压抗打击韧性，是提升我国国防安全的重大举措。

②"一带一路"建设、国防安全网络建设。"一带一路"是以习近平同志为核心的党中央着眼人类未来提出的重大发展理念和行动，意义极其重大。空间信息网络发展有助于走出国门，加强相互沟通了解，协助共建国家发展，合作共赢。空间信息网络是"一带一路"建设的重要工具和手段，可为共建"一带一路"国家提供信息服务，扩大国家间合作。同时，发展空间信息网络也是强军、兴军的重要举措，空间信息网络将极大增强大范围的指挥控制能力、情报获取能力、目标监视能力、早期预警能力、远程打击能力、电磁攻防能力和机动部署能力等，是战斗力提升的重要基础。

③引领技术、标准、产业。当今的信息社会已进入 5G 时代，国际电联正在制定后 5G/6G 相关标准，天地一体化已成为发展主流，"信息随心至，万物触手及"，天地融合信息时代即将来临，各国都在厉兵秣马，抢先技术研发，意图控制全球信息产业。我国必须加速发展，避免受制于人，要在信息领域占有一席之地。我国应推动空间信息网络产业发展，增强国家基础设施建设，支撑其在交通、农业、林业、水利、矿业、电力、海洋等领域的发展。

4.2 发展的目标和方向

4.2.1 发展目标

空间信息网络作为信息时代无法被取代的信息基础设施，必将是未来很长一段时期内大国竞争、博弈的焦点。空间信息网络正由天基组网向各类空间信息要素一体融合发展，建议突出空间信息网络领域的技术突袭，以低轨星座系统为重点，构建以近地为基础、向深空迈进的智能、安全、泛在、融合的自主可控空间信息网络，以全球信息保障、空间信息获取与处理、空间安全防护为重点，发挥举国体制组织优势，突破相关理论与技术，为构建数字地球以及经略海洋、网络强国等国家战略提供支撑。

4.2.2 发展方向

（1）全球信息实时通联。面向国家战略利益拓展对全球信息实时通联要求，以频率轨位临近饱和下的全球大范围空间信息时空连续性支持，高效费比下的全球范围、全天候、全天时的快速响应能力供给，高动态条件下的多目标宽带通信保障等为重点，开展空间频率和轨道资源多维发掘模型与方法、与地面网络一体融合的确定性服务质量保障机制和技术、复杂空间环境下异构卫星网络智能运行监管理论与技术、大规模相控阵天线快速波束形成与协同优化理论、大时空多源不确定性业务网络弹性服务等基础理论与关键技术研究。

（2）空间信息高效获取。面向形成全域全谱综合探测与应用能力，以全域全谱段感知、多模式融合处理，全球大范围、高动态事件的实时观测与智能分析，异构多载荷高维数据的稀疏表征与智能压缩，时空分辨率提升等为重点，开展在轨信息压缩、目标识别与跟踪，分布式协同智能电磁感知，多源信息几何校正与自动配准，基于语义空间信息稀疏表征，超分辨率重建等基础理论与关键技术研究，以满足全球空间无缝感知需求。

（3）空间信息安全防护。空间信息网络处于无国界、开放暴露空间，存在监听、截获、干扰、摧毁等各类风险。针对空间信息网络传输信道开放、威胁形式多样带来的安全防护难题以及空间信息网络安全韧性运行的内在要求，开展抗毁抗扰动态重构、多域感知多元驱动的空间信息网络抗干扰、空间信息网络内生安全、低复杂度差异化网络安全互联与隔离等基础理论与关键技术研究，以支撑实现空间信息的安全获取、传输与处理。

参考文献

[1] Cui H X, Zhang J, Geng Y H, et al. Space-Air-Ground Integrated Network (SAGIN) for 6G: Requirements, Architecture and Challenges [J]. China Communications, 2022, 19(2): 90-108.

[2] 刘锋, 王渝斐. 基于可编程控制网关的一体化网络体系结构 [J]. 北京航空航天大学学报, 2015, 41(10): 1959-1965.

[3] 黄宛宁, 李智斌, 张晓军, 等. 基于浮空器平台的临近空间骨干网络构想 [C]// 高分辨率对地观测系统重大专项管理办公室. 第四届高分辨率对地观测学术年会优秀论文集, 2017: 25.

[4] Wang T, Luan Y, Zhao X, et al. Effect of Platform Vibration Characteristics and Atmospheric Turbulence Characteristics on Free-Space Optical Communication Systems [C]//2021 IEEE International Conference on Electronic Information Engineering and Computer Science (EIECS). 2021: 39-42.

[5] Zhang Z Y, Zou X B, Li Q, et al. Towards 100 Gbps over 100 km: System Design and Demonstration of E-Band Millimeter Wave Communication [J]. Sensors, 2022, 22(23): 9514.

[6] 董志鹏, 王密, 李德仁. 一种融合超像素与最小生成树的高分辨率遥感影像分割方法 [J]. 测绘学报, 2017, 46(6): 734-742.

[7] 董志鹏, 王密, 李德仁, 等. 利用对象光谱与纹理实现高分辨率遥感影像云检测方法 [J]. 测绘学报, 2018, 47(7): 996-1006.

[8] Zhao S H, Yang S Y, Liu Z, et al. Sparse Flow Adversarial Model for Robust Image Compression [J]. Knowledge-Based Systems, 2021, 229: 107284.

[9] Wang M, Xie G Q, Zhang Z Q, et al. Smoothing Filter-Based Panchromatic Spectral Decomposition for Multispectral and Hyperspectral Image Pansharpening [J]. IEEE

Journal of Selected Topics in Applied Earth Observations and Remote Sensing, 2022, 15: 3612-3625.

[10] Sun J, Liu F, Li Y, et al. A Software-Defined Architecture for Integrating Heterogeneous Space and Ground Networks [J]. Frontiers in Communications and Networks, 2021, 47(2): 1-13.

[11] Wu D P, Li Z J, Wang J P, et al. Vision and Challenges for Knowledge Centric Networking [J]. IEEE Wireless Communications, 2019, 26(4): 117-123.

[12] 周海, 高梦溪. 智能组网技术指南 [M]. 北京: 电子工业出版社, 2017.

[13] 林嵘, 周丽红, 陈斌. 基于 SDN 的智能组网技术研究 [J]. 电信科学, 2017, 33(12): 147-152.

[14] 姚义宏, 沈思. 指标体系与绩效管理 [M]. 上海: 华东理工大学出版社, 2016.

[15] 周广华, 杨晓岚. 基于指标体系的决策分析与应用 [M]. 北京: 清华大学出版社, 2018.

[16] 高兴民, 谢亲历. 无人机设计原理与应用 [M]. 北京: 北京航空航天大学出版社, 2019.

[17] 姜洪强, 徐晓东, 王永清. 定位、导航与控制技术在无人机中的应用 [M]. 杭州: 浙江大学出版社, 2017.

[18] 刘志强, 彭志坚. 石油天然气管道保护 [M]. 北京: 石油工业出版社, 2017.

[19] 李德仁, 沈欣. 我国天基信息实时智能服务系统发展战略研究 [J]. 中国工程科学, 2020, 22(2): 138-143.

[20] 李德仁, 沈欣, 龚健雅, 等. 论我国空间信息网络的构建 [J]. 武汉大学学报 (信息科学版), 2015, 40(6): 711-715, 766.

[21] 李德仁, 王密, 杨芳. 新一代智能测绘遥感科学试验卫星珞珈三号 01 星 [J]. 测绘学报, 2022, 51(6): 789-796.

[22] Wang M, Zhang Z Q, Zhu Y, et al. Embedded GPU Implementation of Sensor Correction for On-Board Real-Time Stream Computing of High-Resolution Optical Satellite Imagery [J]. Journal of Real-Time Image Processing, 2018, 15(3): 565-581.

[23] Zhang Z Q, Zhou Q, Liu S Y, et al. Expandable On-Board Real-Time Edge Computing Architecture for Luojia3 Intelligent Remote Sensing Satellite [J]. Remote Sensing, 2022, 14(15): 3596.

[24] 肖晶, 胡瑞敏. 星地协同的卫星视频高效压缩方法 [J]. 武汉大学学报 (信息科学版), 2018, 43(12): 2197-2204.

[25] Rao Z H, Xu Y Y, Pan S M, et al. Cellular Traffic Prediction: A Deep Learning Method Considering Dynamic Non-Local Spatial Correlation, Self-Attention, and Correlation

of Spatial-Temporal Feature Fusion [J]. IEEE Transactions on Network and Service Management, 2023, 20(1): 426-440.

[26] Rao Z H, Xu Y Y, Pan S M. A Deep Learning-Based Constrained Intelligent Routing Method [J]. Peer-to-Peer Networking and Applications, 2021, 14: 2224-2235.

[27] 王密 , 项韶 , 肖晶 . 面向任务的高分辨率光学卫星遥感影像智能压缩方法 [J]. 武汉大学学报 (信息科学版), 2022, 47(8): 1213-1219.

[28] Xie J, Wang H H, Li P, et al. Satellite Navigation Technologies [M]. Berlin, Germany: Springer, 2021.

[29] 谢军 , 常进 , 丛飞 . 北斗导航卫星 [M]. 北京：国防工业出版社 , 2021.

[30] 谢军 , 王海红 , 李鹏 , 等 . 卫星导航技术 [M]. 北京：北京理工大学出版社 , 2018.

[31] 谢军 , 张建军 . 全球导航卫星系统兼容原理及其仿真 [M]. 北京：中国宇航出版社 , 2018.

[32] Xie J, Kang C B. Engineering Innovation and the Development of the BDS-3 Navigation Constellation [J]. Engineering, 2021, 7(5): 558-563.

[33] Xie J, Zhang J J, Wang G. The Construction Method of BeiDou Satellite Navigation Measurement Error System [J]. Wireless Communication and Mobile Computing, 2019, 7(6): 11-25.

[34] 谢军 , 张建军 , 王岗 . 北斗卫星导航系统测量误差指标体系 [J]. 宇航学报 , 2018, 39(9): 976-984.

[35] 谢军 , 郑晋军 , 张弓 , 等 . 卫星导航系统发展现状与未来趋势 [J]. 前瞻科技 , 2022, 1(1): 94-111.

成果附录

附录 1　代表性论文目录

　　本重大研究计划取得的多项代表性研究成果发表在各类高水平期刊上：发表 SCI 论文 2598 篇，EI 论文 3578 篇，其中，SCI 论文影响因子超过 10 的有 312 篇。在本重大研究计划执行期间，共培养博士后、博士研究生、硕士研究生 692 名，为我国空间信息网络的持续发展提供了坚实的人才基础。

[1] Xiao Z Y, He T, Xia P f, et al. Hierarchical Codebook Design for Beamforming Training in Millimeter-Wave Communication [J]. IEEE Transactions on Wireless Communications, 2016, 15(5): 3380-3392.

[2] Xu X D, Li W, Ran Q, et al. Multisource Remote Sensing Data Classification Based on Convolutional Neural Network [J]. IEEE Transactions on Geoscience & Remote Sensing, 2018, 56(2): 937-949.

[3] Cao X B, Yang P, Xi X, et al. Airborne Communication Networks: A Survey [J]. IEEE Journal on Selected Areas in Communications, 2018, 36(9): 1907-1926.

[4] Sheng M, Wang Yu, Li J D, et al. Toward a Flexible and Reconfigurable Broadband Satellite Network: Resource Management Architecture and Strategies [J]. IEEE Wireless Communications, 2017, 24(4): 127-133.

[5] 李德仁. 展望 5G/6G 时代的地球空间信息技术 [J]. 测绘学报, 2019, 48(12): 1475-1481.

[6] Zhao M M, Shi Q J, Zhao M J. Efficiency Maximization for UAV-Enabled Mobile Relaying Systems with Laser Charging [J]. IEEE Transactions on Wireless Communications, 2020, 19(5): 3257-3272.

[7] Wang Y, Sheng M, Zhuang W H, et al. Multi-Resource Coordinate Scheduling for Earth Observation in Space Information Networks [J]. IEEE Journal on Selected Areas in Communications, 2018, 36(2): 268-279.

[8] Zhao Y C, Wang L, Zhang Y X, et al. High-Speed Efficient Terahertz Modulation Based on Tunable Collective-Individual State Conversion within An Active 3nm Two-Dimensional Electron Gas Metasurface [J]. Nano Letters, 2019, 19(11): 7588-7597.

[9] Zhang B, Chen Z C, Peng D L, et al. Remotely Sensed Big Data: Evolution in Model Development for Information Extraction [J]. Proceedings of the IEEE, 2019, 107(12): 2294-2301.

[10] Li Y S, Kong D Y, Zhang Y J, et al. Robust Deep Alignment Network with Remote Sensing Knowledge Graph for Zero-Shot and Generalized Zero-Shot Remote Sensing Image Scene Classification [J]. Remote Sensing, 2021, 179: 145-158.

[11] Lu H C, Gui Y Q, Jiang X D, et al. Compressed Robust Transmission for Remote Sensing Services in Space Information Networks [J]. IEEE Wireless Communications, 2019, 26(2): 46-54.

[12] Lin B H, Tao X M, Xu M, et al. Bayesian Hyperspectral and Multispectral Image Fusions via Double Matrix Factorization [J]. IEEE Transactions on Geoence and Remote Sensing, 2017, 55(10): 5666-5678.

[13] Wang L, Jiang C X, Kuang L L, et al. Mission Scheduling in Space Network with Antenna Dynamic Setup Times [J]. IEEE Transactions on Aerospace and Electronic Systems, 2018, 55(1): 31-45.

[14] Liu J Y, Cao X B, Li Y, et al. Online Multi-Object Tracking Using Hierarchical Constraints for Complex Scenarios [J]. IEEE Transactions on Intelligent Transportation Systems, 2018, 19(1): 151-161.

[15] Zhang T, Li J D, Li H Y, et al. Application of Time-Varying Graph Theory over the Space Information Networks [J]. IEEE Network, 2020, 34(2): 189-185.

[16] Li A, Huan H, Tao R, et al. Implementation of Mixing Sequence Optimized Modulated Wideband Converter for Ultra-Wideband Frequency Hopping Signals Detection [J]. IEEE Transactions on Aerospace and Electronic Systems, 2020, 56(6): 4698-4710.

[17] Wang L, Guo X Q, Zhang Y X, et al. Enhanced THz EIT Resonance Based on the Coupled Electric Field Dropping Effect within the Undulated Meta-Surface [J]. Nanophotonics, 2019, 8(6): 1071-1078.

[18] Zhang D, Zhou Y, Xi Z W, et al. Hyper Tester: High-Performance Network Testing Driven by Programmable Switches [J]. IEEE/ACM Transactions on Networking, 2021, 29(5): 2005-2018.

[19] Wang X, Hu R M, Wang Z Y, et al. Long-Term Background Redundancy Reduction for Earth Observatory Video Coding [J]. IEEE Transactions on Circuits and Systems for Video Technology, 2020, 30(11): 4309-4320.

[20] 陈锐志 , 蔚保国 , 王甫红 , 等 . 联合少量地面控制源的空间信息网轨道确定与时间同步 [J]. 测绘学报 , 2021, 50(9): 1211-1221.

（按他引次数排序）

附录2 获得国家科学技术奖励项目

"空间信息网络基础理论与关键技术"获得国家科学技术奖励项目

项目批准号	获奖项目名称	完成人（排名）[1]	完成单位	获奖项目编号	获奖类别[2]	获奖等级	获奖年份
91738302	天空地遥感数据高精度智能处理关键技术及应用	李德仁（1）王密（2）杨博（8）朱映（15）	武汉大学、北京理工大学、立得空间信息技术股份有限公司、中国航空工业集团公司洛阳电光设备研究所、武大吉奥信息技术有限公司、中国测绘科学研究院	2020-J-256-1-01-R01	J	一等奖	2021
91338107	空间信息网络路由与传输协议研究	王俊峰（2）	四川大学	2019-J-31004-1-01-R02	J	一等奖	2019
91438207	北斗性能提升与广域分米星基增强技术及应用	薛瑞（3）	北京卫星导航中心、中国科学院上海天文台、北京航空航天大学、上海华测导航技术股份有限公司、泰斗微电子科技有限公司、北京神州天鸿科技有限公司	2019-J-236-2-02-R03	J	二等奖	2019
91638201	高光谱遥感信息机理与多学科应用	张兵（1）高连如（6）张文娟（9）	中国科学院遥感与数字地球研究所	2018-J-25201-2-05-R01	J	二等奖	2018
91638301	空地一体化协同防撞关键技术及重大应用	张涛（3）	四川九洲空管科技有限责任公司、北京航空航天大学、四川九洲电器集团有限责任公司、民航数据通信有限责任公司、北京民航天宇科技发展股份有限公司	2018-J-220-2-06-R03	J	二等奖	2018
91438207	天空地一体化航增强动态的组网模型及应用	薛瑞（2）	北京航空航天大学、中国人民解放军总参谋部大气环境研究所、中国科学院大气物理研究所、民航数据通信有限责任公司	2016-J-24201-2-02-R02	J	二等奖	2016
91538204	机群协同通信技术及应用	曹先彬（1）肖振宇（3）	北京航空航天大学、中国电子科技集团公司电子科学研究院、北京理工大学	2020-F-31040-2-04-R01	F	二等奖	2021

续表

项目批准号	获奖项目名称	完成人（排名）[1]	完成单位	获奖项目编号	获奖类别[2]	获奖等级	获奖年份
91738102	太赫兹星间高速传输关键技术	张波（3）	电子科技大学	2020-F-31040-2-03-R03	F	二等奖	2021
91338101	中继卫星全球通信关键技术与应用	匡麟玲（1）倪祖耀（2）吴胜（5）	清华大学	2018-F-31021-2-01-R01	F	二等奖	2018
91438203	一种天基在轨实时处理新技术及应用	陈亮（2）	北京理工大学、江苏雷科防务科技股份有限公司	2018-F-31022-2-01-R03	F	二等奖	2018
91338202	信息协同处理与应用技术	潘春洪（3）	中国人民解放军61646部队、中国科学院自动化研究所	2016-F-24301-2-02-R03	F	二等奖	2016
91538107	广域宽带协同通信技术与应用	陆建华（1）朱洪波（2）陶晓明（3）	清华大学、南京邮电大学	2016-F-30901-2-04-R03	F	二等奖	2016

注：1. 本重大研究计划资助项目有关的完成人及其排名顺序。

2. F代表国家技术发明奖，J代表国家科技进步奖。

附录 3　代表性发明专利

项目批准号	发明名称	发明人（排名）	专利号	专利申请时间	专利权人	授权时间
91338107	Kind of Self-Adaptive Network Congestion Control Method Based on SCPS-TP	Wang Junfeng (1)	US10263904B2	2017-05-23	四川大学	2019-04-16
91338107	Kind of Partially Reliable Transmission Method Based on Hidden Markov Model	Wang Junfeng (1)	US10834368B2	2018-12-13	四川大学	2020-11-10
91338107	Reliable Data Transmission Method Based on Reliable UDP and Fountain Code in Aeronautical Ad Hoc Networks	Wang Junfeng (1)	US11018701B2	2018-12-13	四川大学	2021-05-25
91438112	Method of Jitter Detection And Image Restoration for High-Resolution Tdi Ccd Satellite Images	Pan Jun (1) Wang Mi (3) Zhu Ying (4)	US11210766B2	2020-09-17	武汉大学	2021-12-28
91438118	Spatial Terahertz Wave Phase Modulator Based on High Electron Mobility Transistor	Zhao Yuncheng (2) Yang Ziqiang (4)	US9865692B2	2017-05-04	电子科技大学	2018-01-09
91438118	Terahertz Wave Fast Modulator Based on Coplanar Waveguide Combining with Transistor	Sun Han (2) Zhao Yuncheng (3) Yang Ziqiang (5)	US10333468B2	2017-06-13	电子科技大学	2019-06-25
91538103	Method and Electronic Device for Obtaining Location Information	Fan Chengfei (1) Li, Liyan (2) Cai Yunlong (3) Zhao Minjian (4) Xu Xinglong (5)	US11109342B2	2021-01-25	浙江大学	2021-08-31
91538204	Joint Search Method for UAV Multi-Objective Path Planning in Urban Low Altitude Environment	Cao Xianbin (1) Xiao Zhenyu (2)	US10706729B2	2018-04-18	北京航空航天大学	2020-07-07
91638203	Autonomous Orbit and Attitude Determination Method of Low-Orbit Satellite Based on Non-Navigation Satellite Signal	Chen Ruizhi (1) Sun Hongxing (3)	AU2020103576A4	2020-11-20	武汉大学	2021-1-20

续表

项目批准号	发明名称	发明人（排名）[1]	专利号	专利申请时间	专利权人	授权时间
91738101	Satellite Constellation Realization Method for Implementing Communication by Utilizing A Recursive Orbit	Jin Jin (1)	US11101881B2	2017-02-17	清华大学	2021-08-24
91338101	一种适用于延迟敏感业务的编码调制方法与系统	匡麟玲(1) 孟祥明(2) 倪祖耀(3) 吴胜(4) 陈翔(5) 陆建华(6)	CN201310634830.5	2013-12-02	清华大学	2015-12-30
91338108	一种重点区域按需覆盖的全球通信星座设计方法	靳瑾(1) 晏坚(2)	CN201610525898.3	2016-07-05	清华大学	2018-12-18
91338116	机载激光通信环境离焦自适应补偿方法	胡源(1) 姜会林(3) 张立中(5)	CN201510188352.9	2015-04-21	长春理工大学	2017-01-11
91338201	基于高阶累积量和谱特征的卫星通信号调制识别方法	张更新(1) 马兆宇(2) 边东明(4) 谢智东(5) 李永强(8)	CN201410029764.3	2014-01-22	中国人民解放军理工大学	2016-09-28
91438203	一种星敏感器与高频角位移传感器组合定姿方法及系统	王密(1) 李德仁(3)	CN201610067447.X	2016-01-30	武汉大学	2018-05-15
91438206	用于中继卫星天地一体化网络的移动IP通信系统的方法	徐潇审(1) 费立刚(2)	CN201810408063.9	2018-05-02	中国人民解放军32039部队	2020-10-16

续表

项目批准号	发明名称	发明人（排名）[1]	专利号	专利申请时间	专利权人	授权时间
91638202	基于时变图的空间信息网络资源表征方法	盛敏(1) 刘润滋(2) 李建东(4) 徐超(5) 汪宇(6) 周笛(7)	CN201610367839.8	2016-05-30	西安电子科技大学	2018-11-16
91738101	卫星通信星座的系统容量优化方法和装置	靳瑾(1) 李婷(2) 林子翘(3)	CN201910727794.4	2019-08-07	清华大学、上海清申科技发展有限公司	2020-07-24
91738201	一种基于深度卷积神经网络的频谱超分辨率在线重建方法	丁晓进(1) 冯李杰(2) 张更新(3)	CN202010048133.1	2020-01-16	南京邮电大学	2022-08-16
91738201	控制随业务的跳波束卫星系统工作流程及信令帧设计方法	张晨(1) 杨江涛(2) 张更新(3)	CN202010677854.9	2020-07-15	南京邮电大学、南京微星通信技术有限公司	2022-03-15

注：1. 本重大研究计划资助的项目有关的发明人及其排名顺序。

索　引